高等学校土木工程专业"十三五"系列教材

高等学校土木工程专业指导委员会规划推荐教材

（经典精品系列教材）

土木工程信息化

李晓军　主编

中国建筑工业出版社

图书在版编目（CIP）数据

土木工程信息化/李晓军主编 . —北京：中国建筑工业出版社，2019.11（2021.2 重印）

高等学校土木工程专业"十三五"系列教材　高等学校土木工程专业指导委员会规划推荐教材 . 经典精品系列教材

ISBN 978-7-112-24299-3

Ⅰ.①土… Ⅱ.①李… Ⅲ.①土木工程-信息化-高等学校-教材　Ⅳ.①TU-39

中国版本图书馆 CIP 数据核字（2019）第 219910 号

近年来，以 BIM、VR、物联网、大数据和人工智能等技术为代表，国内外在土木工程信息化领域已经取得突破性进展，信息技术与土木工程的深度融合与广泛应用已成为必然趋势。本书从信息流的角度出发，系统地介绍了土木工程信息采集、处理、分析、表达与服务等方面的理论、方法和技术，收录了信息技术在建筑、桥梁以及地下工程的应用案例，使读者对这一新领域的知识有较为全面和透彻的了解。

本书可以作为高等学校土木工程专业的教材，也可为从事土木工程信息化相关工作人员提供参考。

本书作者制作了教学课件，有需要的任课老师可以发送邮件至：jiangongkejian@163.com 索取。

责任编辑：吉万旺　王　跃

责任校对：芦欣甜

高等学校土木工程专业"十三五"系列教材
高等学校土木工程专业指导委员会规划推荐教材
（经典精品系列教材）
土木工程信息化
李晓军　主编

＊

中国建筑工业出版社出版、发行(北京海淀三里河路9号)
各地新华书店、建筑书店经销
北京红光制版公司制版
北京圣夫亚美印刷有限公司印刷

＊

开本：787×1092毫米　1/16　印张：15　字数：373千字
2020年5月第一版　2021年2月第二次印刷
定价：**42.00**元（赠课件）
ISBN 978-7-112-24299-3
（34812）

本书编写人员名单

主　　编：李晓军

参　　编：刘　超　杨　彬　孙　斌　徐　俊　谢丽宇

　　　　　徐　晨　罗晓群　周志光　禹海涛

前　　言

本书主要用作高等学校土木工程专业的土木工程信息化课程教材，旨在系统扼要地介绍近年来土木工程信息化领域逐渐成熟的理论、方法和技术，以及最新的研究成果，内容不仅包括对新方法、新技术和新设备的介绍，还收录了诸多信息技术在工程中成功应用的案例，以使学生对这一新领域的知识有较为全面和透彻的了解。

土木工程信息化是一门新兴的交叉学科。我国土木工程建设规模大且技术发展迅速，但存在利润率低、总产值增速下降以及高能耗和高污染等问题，面临着巨大的转型挑战与创新需求。信息技术在土木工程的应用，是解决上述问题、推动土木工程升级转型的重要动力之一。近年来，以 BIM 技术为代表，国内外在土木工程信息化领域已取得突破性进展，信息技术与土木工程的深度融合与广泛应用已成为必然趋势。本教材介绍其中较为成熟的信息技术原理和方法，并展示信息技术在建筑、桥梁和隧道工程的应用案例，将理论与实践结合，帮助学生更好地理解教材内容。

本书共分为 8 章，从土木工程信息的采集、处理、表达、分析与服务几个方面展开，系统地介绍信息技术在土木工程中的应用。第 1 章为绪论，重点介绍土木工程与信息技术的发展现状；第 2 章为土木工程信息采集，重点介绍信息采集新技术在土木工程中的应用；第 3 章为土木工程信息处理，主要介绍土木工程数据处理方法、数据标准；第 4 章为土木工程信息模型，主要介绍常见的信息模型，如建筑信息模型、地理信息模型等；第 5 章为 BIM 技术与应用，介绍 BIM 常用建模软件以及成功的应用案例；第 6 章为土木工程信息分析，重点介绍人工智能、机器学习、仿真分析与大数据分析的基本原理与工程应用；第 7 章为土木工程信息表达，主要介绍虚拟现实与增强现实的基本概念与应用；第 8 章为土木工程信息服务与智慧基础设施系统，介绍土木工程信息服务的内容，以及由同济大学自主开发的智慧基础设施服务系统（iS3），简要介绍其概念、功能与应用案例。全书系统全面，重点突出，各篇章相互衔接。同时，书中列出了相关参考书籍或文献，可为希望深入学习的学生提供方便。

本书由李晓军主编。第 1 章由李晓军编写，第 2 章由刘超、孙斌、谢丽宇、徐晨与禹海涛编写，第 3 章由徐俊与徐晨编写，第 4 章由李晓军编写，第 5 章由杨彬、孙斌与刘超编写，第 6 章由徐俊与周志光编写，第 7 章由李晓军与罗晓群编写，第 8 章由李晓军编写。全书由李晓军统稿。

本教材在编写过程中，力求重点突出、内容系统而精炼，反映国内外土木工程信息化的先进技术、方法和应用，但因水平有限，书中的缺点和错误在所难免，恳请读者批评指正，以便于再版时进一步修改和完善。

编者

2019 年 8 月

目　　录

第 1 章 绪 论

1.1 土木工程现状与发展

1.1.1 土木工程现状

建筑业是我国支柱产业之一,自 1978 年到 2017 年,建筑业增加值占国内生产总值的比重从 3.8% 增加到 6.73%。2011 年,全球建筑观察和普华永道以及牛津经济三家机构联合发表报告,中国建筑业完成总值为 95206 亿人民币(约 14647 亿美元),首次超越美国建筑业 11314 亿美元支出,成为全球第一建筑大国。2012 年共有 10 家施工企业入围世界 500 强,中国企业占其中六席。2017 年我国建筑业的从业人数达 5536.90 万人,占全社会就业人员总数的 7.13%。在技术发展方面,以超高层和超大跨度建筑、特大跨度桥梁、长大隧道及大型复杂结构技术快速发展为代表,我国土木工程技术水平已经迈入一个崭新的阶段。

建筑业规模大且技术发展迅速,面临着巨大的挑战和创新需求。首先,建筑业利润率低下。由于企业多,工程少,市场竞争异常激烈,加之劳动力成本不断攀升,从 2008 年到 2017 年,建筑业利润率一直徘徊在 3% 左右[1](见图 1-1)。

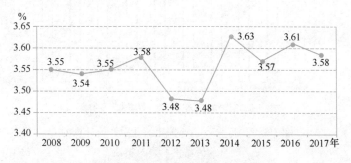

图 1-1 2008~2017 年建筑业产值利润率

其次,从图 1-2 可见,建筑业增速在下降,从 2008 年至 2017 年全国建筑业总产值虽然在上升,但增长幅度较小。与此类似,劳动生产率增速近年来均在下降,如图 1-3 所示。在建筑行业内,按专业类别分类,部分一级专业承包企业总产值出现负增长,例如:堤防工程、防腐保温工程等。一些专业承包企业新签合同额同样出现了负增长,例如公路路面工程、爆破与拆除工程等。建筑业还存在高能耗和高污染问题,例如,钢铁和水泥等建筑材料的污染物排放量一直很高,被国家列为高耗能、高污染行业。最后,建筑业的工业化率一直偏低,质量参差不齐,因而带来安全与质量隐患、维护费用升高、使用寿命降低等一系列问题。由此可见,建筑业以扩大规模为主的发展模式不可能持续,当前建筑业面临着巨大的技术升级与转型挑战。

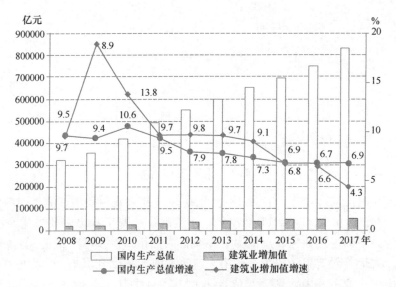

图1-2　2008～2017年全国建筑业总产值及增速

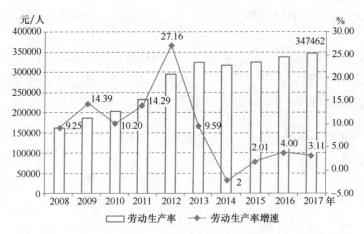

图1-3　2008～2017年按建筑业总产值计算的
建筑业劳动生产率及增速

1.1.2　土 木 工 程 发 展

土木工程已经有几千年的发展历史，是一门古老而又年轻的学科。人类从几千年前就开始修筑古代建筑物，但土木工程在18世纪初，才开始逐渐成为一个独立的学科，以区分于军事工程。如果将土木工程分为古代土木工程、近代土木工程、现代土木工程三个阶段，古代土木工程以金字塔和长城为例，依靠人力为主和原始机械为辅修筑；近代土木工程以美国旧金山金门大桥和胡佛水坝为例，依靠机械为主和人力为辅而修筑；现代土木工程以上海中心大厦和港珠澳大桥为例，在建筑高度、桥梁跨度和隧道长度方面进一步提升，但从设计方法来说，与近代土木工程的本质区别并不明显。

1. 工业时代的科学基础与思维方式

工业革命首先是动力的革命，以风力、水力、机械力和电力等取代原本的畜力和人力，从而大大提高了生产力。例如，万能蒸汽机使得人类第一次让瓷器出现了供大于求的现象。牛顿是工业时代的代表性人物之一，他提出力学三大定律、万有引力定律以及光学基本规律，这些基本规律揭示了世界万物是运动的，这些运动遵循着特定的规律，而且这些规律是可以被认识的。自牛顿开始，人们逐渐冲破了神学长期以来对人类思想的统治，宣告科学时代的来临，人类逐渐认识到合理运用科学规律就能设计出各式各样的机械，机械思维方式由此诞生。根据机械思维，第一次工业革命时期，人们发明了火车、打字机、乐器、钟表、差分机，第二次工业革命时期，电成为主要动力，人们发明了飞艇、飞机、洗衣机、留声机等。

机械思维对人类文明起到了重要的推动作用。机械思维把各种问题都归结为机械的问题，通过科学研究发现规律、描述规律、运用规律，就能实现预测未来。根据机械思维，任何一个复杂的问题都可以分解成若干个简单的问题。机械思维还能让人们把自己动手做事变成制造机器，让机器帮人做事。

现代土木工程，包括水电工程、建筑工程、隧道工程、桥梁工程等，如图1-4所示，都是机械思维在土木工程方面的应用，可以说现代土木工程是工业时代发展的典型产物。

图1-4 工业时代的土木工程

2. 信息时代的科学基础与思维方式

一般认为，20世纪七八十年代自互联网出现开始，人类逐渐进入信息时代。自此以来，许多行业发生了翻天覆地的变化。例如，现代汽车和20世纪初的汽车相比发生了巨大的变化，20世纪初莱特兄弟发明的飞机与现代飞机也具有非常显著的差别，这主要是信息时代与工业时代的科学基础与思维方式有较大不同。

信息时代的科学基础可概括为三论，即控制论、信息论和系统论。控制论主要包括三个内容。第一，时间不是静态和片面的，事物发展过程不能简单拆成独立的因果关系。第二，系统对刺激有反应特性，任何系统（人体、股市、商业、产业等）在外界环境刺激（称为输入）下必然做出反应（称为输出），然后反过来影响系统本身。第三，系统应具有自我调节机制，为了维持一个系统的稳定，或者为了对它进行优化，可以将它对刺激的反应反馈至系统中，这最终可以让系统产生一个自我调节的机制。

信息论包括几个定律，例如，香侬第一定律，又称香侬信源编码定律，指的是信号源中的通信编码服从等概率分布时，每个编码所携带的信息量最大，进而能提高整个通信系统的效率。香侬第二定律，描述了一个信道中的极限信息传输率和该信道带宽的关系，当信道的容量低过传输率时，就会出现信息的传输错误。此外，信息论还包括最大熵原理，即在对未知事件发生的概率分布进行预测时，应当满足全部已知的条件，而对未知的情况不要做任何主观假设。

系统论同样包含三方面内容。首先，有生命系统相比于无生命系统而言，前者是一个开放的系统，需要和外界进行物质、能量或者信息的交换；后者为了其稳定性，需要和外界隔绝，才能保持其独立性。其次，根据热力学第二定律，封闭系统总是朝着熵增加的方向变化，即从有序变为无序；开放的系统可以和周围进行物质、能量和信息交换，引入"负熵"可以让系统变得有序。最后，有生命系统的功能并不等于每一个局部功能的总和，这表明每一个局部研究清楚不等于整个系统研究清楚，这与机械思维的"整体总是能够分解成局部，局部可以再合成为整体"观点有很大不同。

信息时代的"三论"表明信息时代的思维方式与机械时代的思维方式存在着不同，主要体现在如下内容上。

（1）控制论思维方式

机械思维是对未来做尽可能准确的预测。例如，设计一幢房屋，如果按照 50 年设计基准期来设计，是要在这个设计基准期内对房屋进行尽可能的预测。但是信息时代思维方式告诉我们，很难预测到几十年以后会发生什么，必须在此过程中不断地修正、不断调整。两者思维方式没有对错之分，只是思考方式不一样。

（2）信息论思维方式

信息论思维方式告诉我们，在一个系统中，如果它的不确定性因素越大（即熵越大），就要引入信息来消除不确定性，引入信息量大小取决于系统的不确定性大小，这是信息时代处理事情的基本方法，该方法能够从我们身边很多的事情上反映出来。例如，公共交通系统有很多不确定性，天气不好可能会引起飞机航班延误或高铁晚点，此时需要及时查询航班或列车的信息，否则到达机场或车站才发现延误会浪费时间。信息时代一个突出特点就是能通过手机获取各种各样的信息，航班延误等信息现在通过手机 APP 可以很方便地查询到，信息时代的思维方式已经对生活产生了巨大的影响。

在土木工程领域也应该如此。例如，地下结构承受的荷载有很大的不确定性，此时应采用监测等方式引入信息；列车运营时产生的振动对周边环境的影响也有很大的不确定性，可以通过引入监测信息去减小这些影响的不确定性。

（3）系统论思维方式

系统论的思维方式告诉我们，整体的性能未必能通过局部性能的优化而实现。在生活中，一个手机的 CPU 指标和内存指标即使做到最好，如果没有其他硬件、软件协同工作，这个手机也难以最大限度地发挥作用。在土木工程领域，建筑结构中梁、板、柱等单个构件达到最优化，整体结构不一定最优。在隧道工程中，为了降低造价、降低衬砌上作用的荷载，把隧道周围的水全部排走，使衬砌不再受水压力作用，虽然隧道的造价实现了最优化，但是可能会对周围的生态环境造成破坏，因此从结构与环境整体上看，整体性能最优不一定能通过局部性能最优而实现。

工业化建造中虽然涉及信息化的内容（例如 BIM 的使用），但其主要目的还是要使得建造速度更快、质量更可靠、资源更节约、污染更少，因此其核心任务还是提高生产率，其思维方式依然沿用机械思维的方式。信息时代思维方式告诉我们，从个体来看，信息时代的土木工程应是一个具有自我感知、自我调节、开放的系统，因而为新材料、新工艺、新技术（物联网、大数据、云计算、人工智能等）的应用提供了广阔的舞台；从整体来看，信息时代的土木工程应从整个社会、环境、生态、可持续发展角度出发，进行系统整体的性能优化，因而必然需要学科深度交叉和深度融合。未来的土木工程学科交叉至关重要，土木工程与管理学、经济学交叉可以形成全寿命周期工程和低碳工程，与社会学、经济学交叉可形成可持续发展土木工程，与社会学、心理学交叉可形成灾害土木工程等交叉学科等。机械时代解放了人的双手，信息时代则将解放人的大脑，利用信息时代的思维方式，未来的土木工程将有巨大的发展空间。

3. 智能时代的土木工程

如今我们身边已充满了人工智能，人工智能技术已经开始改变人们的生活。2016 年被称为人工智能的"战略报告年"：2016 年 9 月，斯坦福大学人工智能百年研究项目组发布《2030 年的人工智能与生活》；2016 年 10 月，美国国家科学技术委员会连续发布三份人工智能战略报告，分别是《为人工智能的未来做好准备》《国家人工智能研究与发展战略计划》《人工智能、自动化与经济》；2016 年 12 月，高盛公司发布《人工智能、机器学习和数据是未来生产力的源泉》；2016 年 12 月，英国政府发布《人工智能：未来决策制定的机遇与影响》。2017 年 10 月 15 日，英国政府再次发布了名为《在英国发展人工智能》的报告。我国在人工智能领域也加紧部署，2016 年 5 月，国务院发布《"互联网＋"人工智能三年行动实施方案》；2017 年 3 月，百度筹建"深度学习技术及应用国家工程实验室"；2017 年 11 月 15 日，新一代人工智能发展规划暨重大科技项目启动，在该会议上，宣布了以下内容：依托百度公司建设自动驾驶国家新一代人工智能开放创新平台；依托阿里云公司建设城市大脑国家新一代人工智能开放创新平台；依托腾讯公司建设医疗影像国家新一代人工智能开放创新平台；依托科大讯飞公司建设智能语音国家新一代人工智能开放创新平台。可以说，智能时代正在急速到来。

人工智能最具有代表性的是语音识别、机器翻译和机器视觉。智能输入法如今可以基本代替手工打字，科大讯飞输入法据统计准确率已达 95％。Google 翻译和百度翻译可以将中文立刻翻译成多种语言，虽然离实用可能还需要一段时间，但已经具有较好的翻译能力。机器视觉也已逐步融入我们的生活，利用手机拍照能够自动进行人脸识别，谷歌照片会自动按照片内容分类。腾讯 AI 体验小程序可判断人的年龄，航空公司已在试验用人脸识别直接乘机，无人超市通过人脸识别可自动从银行卡中扣除消费金额。此外，许多科技公司都在积极研发无人驾驶技术，目前已经有包括轿车、公交车等不同类型的无人驾驶车辆上路测试。

计算机识猫系统是一个典型的基于大数据的智能思维方式例子。如果沿用传统的信息时代思维方式，要让计算机认识一只猫，首先需要对猫进行细致的定义，如尖耳朵、圆眼睛、直胡须、四条腿、长尾巴等，一张照片的内容如果满足这些特征就被认为是一只猫。但是大数据思维方式则是在计算机内部建立一个神经网络，神经网络有无数通路，用大量猫的照片（例如 10 万张照片）对该神经网络进行训练，经过训练后得到的神经网络就是一个识猫装置，它本质上是一种复杂的函数连接，不是简单地总结规律，也不是求解偏微分方程得出结果。

根据智能时代的思维方式，土木工程领域可通过大数据与机器学习的方式实现智能土木工程。例如，在采集与识别方面，可通过机器学习方式采集和识别基坑施工信息、岩体结构面信息、隧道结构病害信息等；在分析方面，可通过人工智能对盾构隧道施工引起的地面沉降和结构安全进行分析；在控制方面，利用 VR、AR 或 MR 技术，加上穿戴式设备，实现土木工程结构的智能控制；在决策方面，可采用人工智能实现施工方案、维护养护的智能决策。土木工程向智能化迈进已经不仅仅是一个想法，政府和企业已经在行动。例如，2017 年国家发改委设立了"城市地下空间大数据智能分析与公共服务平台建设及示范应用项目"；2018 年中国铁路总公司联手腾讯、吉利成立国铁吉讯公司，专注"智能高铁"发展；2018 年上海市住房和城乡建设委员会启动人工智能在土木工程中应用的决策咨询项目。由此可见，智能时代的土木工程相关工作才刚刚开始。

1.2　土木信息技术导论

1.2.1　信 息 论 简 介

香侬发表于 1948 年的论文《通信的数学理论》（The mathematical theory of communication）使信息成为一个非常重要的概念，尽管信息（Information）一词没有出现在标题里，这篇文章后来被叫作信息论。香侬的信息论（以下简称香侬信息论）在 1950～1960 年代影响到了多个学科，形成了信息论的主流。

香侬信息论最初是为了处理电子信道里信息传递的效率问题而发展起来的，它建立在能被测量的信息量的定义之上。根据香侬信息论，需要解决的基本问题是"在一点上重建另一点上产生的消息"。

香侬信息论提出的一个重要问题是"一个实验 A 有一个结果，对应某事件 E 发生了。当我们收到这条消息 m 时，我们得到了多少信息"？对这个问题香侬信息论❶给出的答案是，如果 A 可能的实验结果数是 n，并且每个实验结果的概率都是相等的（$=1/n$），消息 m 给出的信息量如式（1-1）所示，其单位是比特：

$$H = \log_2 n \tag{1-1}$$

> **问题 1**　有一个正八面体的骰子，庄家随机地掷出了 **1 到 8** 之间的一个数 n。为了知道这个数，最好的方案是询问庄家几个问题？庄家只能回答是或不是。

---

❶　公式（1-1）实际上是由哈特利提出。香侬在《通信的数学理论》一文中引用了哈特利的工作，将公式（1-1）发展为公式（1-2）。

答案是三个问题（$H = \log_2 8 = 3$）。例如，第一问 $n > 4$ 吗？如果回答是，则继续问 $n > 6$ 吗？如果回答否，则继续问 $n > 5$ 吗？如果回答是，则 $n = 6$，回答否则 $n = 5$。依次类推。因此，正八面体骰子随机地掷一个数给出的信息量是 3。

换句话说，假定我们要把掷出的那个数用消息发送出去，由于每个数出现的概率等同，因此最佳的编码方案就是用 3 比特等长编码方案。例如，用 000，001，010，011，100，101，110，111 分别代表正八面体的骰子的 8 个数字，用 3 个比特的字符串足以描述掷出的结果。

香侬信息论进一步给出，当实验结果发生的概率不等同时（假设每个结果事件发生的概率是 p_i）消息 m 给出的信息量（又称为熵❶）如式（1-2）所示。

$$H = -\sum_{i=1}^{n} p_i \log_2 p_i \tag{1-2}$$

由式（1-2）可知，当 $p_i = 1/n$ 时，其给出的结果与式（1-1）相同。因此，式（1-2）是一种更加通用的形式，它考虑了每个事件发生的单独概率。

问题 2 已知一个正八面体骰子被庄家做了手脚，掷出 1 到 8 的概率分别是（1/2，1/4，1/8，1/16，1/64，1/64，1/64，1/64），为了把掷出结果的消息发送出去，最佳的编码方案是什么？

我们依然可以采用问题 1 的编码方案，这样发送任何一个结果的消息需要 3 比特。但由于掷出 1~8 结果的概率不均等，明智的方法是对概率大的数使用较短的编码，而对概率小的数使用较长的编码，这样做，我们会获得一个更短的编码方案。例如，使用以下的编码方案来表示 1~8 的数：0，10，110，1110，111100，111101，111110，111111。此时，平均描述长度为 2 比特，比使用等长编码时所用的 3 比特小。用式（1-2）计算可以得出同样的结果。

$$H = -\frac{1}{2} \log_2 \frac{1}{2} - \frac{1}{4} \log_2 \frac{1}{4} - \frac{1}{8} \log_2 \frac{1}{8} - \frac{1}{16} \log_2 \frac{1}{16} - 4\frac{1}{64} \log \frac{1}{64} = 2$$

问题 3 有 25 个硬币，其中 24 个是标准重量，有 1 个硬币轻一些。有一个天平，可以称出两个重量中哪个较重，那么一个人需要称多少次才能辨别出那个较轻的硬币？

假设为了称出较轻的硬币需要 m 次。由于这些硬币中的任何一个都可能比标准硬币轻，所以有 25 种可能的结果，这样每个结果的概率 p 是 1/25，这些结果之一包含的信息是：

$$H(W) = -\log_2(1/25) = \log_2(25)$$

这里 W 是称重量的完整过程。

---

❶ 许多年之后，香侬讲了这样一个故事：在推导出公式（1-2）后，"我最关心的事是称它什么，我想到'信息'，但是这个词被过度地使用了，于是我决定叫它'不确定性'。当我同约翰·冯·诺依曼（John Von Neumann）讨论它时，他有一个更好的主意，冯·诺依曼告诉我，你应该叫它熵，这基于两个理由，首先，你的不确定性函这个名字已经被用在统计力学里了，其次，更重要的是没有人知道熵是什么，所以，在辩论中你将总是有优势。"

然而和问题 1 不同的是，每次单独的称重可能有三个结果：右边托盘下降，左边托盘下降，以及两个托盘平衡。这样，每次称重给出 $\log_2(3)$ 比特信息，当集合 W 由 m 次称重组成时，我们得到

$$m\log_2(3) \geqslant \log_2(25)$$

结果

$$m \geqslant (\log_2 25 / \log_2 3) \approx 2.93$$

即 $m \geqslant 3$，因为 m 是个整数。这说明我们需要寻找一个 $m=3$ 的算法。

寻找较轻硬币的一个最小方案的算法如下：

步骤 1：把 25 个硬币分成三组，9 个、8 个和 8 个。使用天平称两个 8 硬币组，结果有两种，一种情况两组重量相等，这说明较轻的硬币在 9 硬币组，然后转到步骤 2。另一种情况，其中一个 8 硬币组轻，说明较轻的硬币在该组，转到步骤 4。

步骤 2：把 9 个硬币分成三个组，每组各 3 个硬币。使用天平称其中的两个 3 硬币组，结果有两种，一种情况两组重量相等，这说明较轻的硬币在第三个 3 硬币组，然后转入步骤 3。另一种情况，其中一个 3 硬币组轻，说明较轻的硬币在该组，同样转到步骤 3。

步骤 3：使用天平称其中的 2 个硬币，结果有两种，一种情况两组重量相等，这说明较轻的硬币是第三个 3 硬币，问题得解。另一种情况，说明较轻的那个是要找的硬币，问题得解。

步骤 4：把 8 个硬币分成三个组：3 个、3 个、2 个。使用天平称其中的两个 3 硬币组，结果有两种，一种情况两组重量相等，这说明较轻的硬币在 2 硬币组，然后转入步骤 5。另一种情况，其中一个 3 硬币组轻，说明较轻的硬币在该组，转到步骤 3。

步骤 5：使用天平称出 2 个硬币中较轻的那个，问题得解。

这个算法显示如何找到问题的答案。信息评估证明，不可能改进该算法，仅用两次或更少次数的称量来得出结果。有许多实际的应用，像信息搜索、知识获取、排序和控制与问题 1～3 类似。

香农信息论关心的是哪个符号进入到消息传递的过程里了，并且这个符号在传递的过程中是否被扭曲。因此，香农信息论的目标是测量传递信息，这个测度从它的性质来说是统计性的，因此香农信息论本质上是统计信息论。

信息本质上是与通信相关联的。信息是通信的主要对象，一个通信事件最简单的静态模型由三个部分组成：一个发送者、一个接收者和一个信道（或连接），如图 1-5 所示。

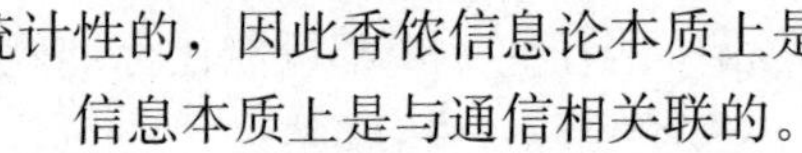

图 1-5   静态通信三元组

香农信息论中从没有定义什么是"信息"，只是提到信息量。按照香农本人的说法，消息的含义与通信无关。他在论文中没有定义什么是信息，而用了如下叙述：

"通常消息有含义：对于某个具有物理或概念实体的系统，含义是这些消息所涉及或关联的。通信的消息含义与工程问题无关。重要的是，实际消息是从可能集合里选出的一个消息，系统必须被设计成可以对每个可能的选择做操作，而不只是对实际将被选择的那个消息做操作，因为在设计系统时，哪个消息被选择是未知的。"

对于消息接收者来说，其含义取决于具体的语境和接收者的知识。例如，在问题 1 中，编码 110 代表了数字 7，而在问题 2 中，编码 110 则代表了数字 3，同样的消息代表了完全不同的含义。由此可以断定，图 1-5 信道内传输的是数据（或符号），而不是信息（或含义）。

香侬本人仅在描述信息源的输出时应用词语信息，他坚定地停留在电信框架内，所以使用标题"通信理论"。他的追随者把这个理论改名为信息论，现在，把这个名字改回香侬的名字已经太晚了。再者，香侬的理论是一种信息论，因为通信是信息交换。由于这个理论基于统计学考虑，因此它应该称为经典信息论或统计信息论。

1.2.2 信息的定义

那么，"信息"是什么？对于大多数人来说，最普遍的思想是，信息是一个消息或通信。但是一个消息不是信息，因为同样的消息对一个人来说可能包含很多信息，对另一个人来说却没有信息。

信息的定义包括：

"信息是被消除的不确定性"。

"信息就是信息，不是物质或能量"。

"信息是一小段知识"。

"信息是被转变成有含义和有适用语境的数据"。

"信息是能够被理解的有组织的数据集合"。

布尔金在一般信息论（General Theory of Information）中对信息定义了七项本体性原理。

本体论原理 O1（局限性原理）：有必要区分一般意义上的信息和关于一个系统 R 的信息（或一项信息）。

本体论原理 O2（一般变换原理）：广义上，对于一个系统 R 的信息是引起系统 R 里变化的能力。

本体论原理 O3（化身原理）：对于任何一项信息 I，总是存在关于系统 R 的这项信息的载体 C。

本体论原理 O4（可表示性原理）：对于任何一项信息 I，总是存在关于一个系统 R 的这项信息的一个表示 C。

本体论原理 O5（互相作用原理）：信息的处理/变换/传送只在 C 与 R 的某种相互作用中进行。

本体论原理 O6（事实原理）：一个系统 R 接受一项信息 I，仅当处理/变换/传送引起对应的转变。

本体论原理 O7（多重性原理）：对于一个系统 R，同一个载体 C 能够包含不同的信息项。

其中关于信息的最重要阐述是本体论原理 O2，它有三种形式：

本体论原理 O2g（相对化变换原理）：对于一个系统 R，涉及信息逻辑系统 IF（R）的信息是在系统 IF（R）里引起变化的能力。

本体论原理 O2c（认知变换原理）：对于一个系统 R 的认知信息是在系统 R 的认知逻

辑系统 CIF（R）里引起变化的能力。

本体论原理 O2a（特别变换原理）：对于一个系统 R 的严格意义上的信息（或适当的信息，或简单地说信息）是改变系统 R 的信息逻辑系统 IF（R）里结构化的信息逻辑成分的能力。

信息逻辑系统的概念非常灵活，信息的最基本功能是在一个有组织的系统里控制行为。信息逻辑系统的标准例子是知识库或者知识系统。需要指出，一般来说，任何复杂系统都有几个信息逻辑系统。

信息本体论原理 O2 可以这样来解释。让我们考虑一本日文物理学教科书，对于一个既不懂日文也不懂物理的人来说，这本书将给出很少的信息，对于一个懂物理但不懂日文的人来说，这本书将给出较多的信息，因为这个人能看懂公式。对于一个懂日文但不懂物理的人来说，这本书将给出更多的信息，这个人将能够使用这本书学习物理。然而，对于一个既懂日文又懂物理，并且达到了比这本书还高程度的人，这本书也将给出很少的信息。这样，在这本书里，信息的物质表示没有改变，而对于不同的人信息内容不同。即在同样的物质表示里，信息内容依赖于这个信息的接受者具有的用于信息提取的手段。

1.2.3　信　息　的　度　量

为了研究信息及相关过程，研究者发明了各种信息测度，比如量、值、成本、熵、不确定性、平均信息分值、有效性、完整性、相关性、可靠性、真实性等。布尔金在一般信息论中指出，信息测度的多样性证实，不仅发明新的信息测度是必要的，而且详述信息度量方法学和理论基础也是必要的。为此，布尔金给出信息度量的 5 个价值论原理。

价值论原理 A1：关于一个系统 R 的一项信息 I 的测量是对 I 在 R［或者严格地，在所选择的信息逻辑系统 IF（R）］里引起变化的某种测量。

价值论原理 A2：关于时间方面，有三种信息测度的时间类型：（1）潜在的或远景的；（2）存在的或同步的；（3）实际的或追溯的。

价值论原理 A3：关于空间方面，有三种信息测度结构类型：外部的、中间的和内部的。

价值论原理 A4：按测度被确定和被评估的方式，有三种信息测度的构造类型：抽象的、实地的和实验的。

价值论原理 A5：就决定性方面来说，存在三种信息测度的结构类型：绝对的、固定相对的和可变相对的。

信息价值论原理 A1 给出了信息度量的最一般概念。根据信息价值论原理 A2～A4，仅对非常简化的系统才存在一个唯一的信息测度，具有一个发达的信息逻辑系统的任何复杂系统 R 有许多可以被改变的参数，结果，为了反映系统的全部属性以及这些系统发挥的条件，复杂系统要求许多不同的信息测度。因此，找到一个普适的信息测度是不实际的。例如，由香侬的信息量所测量的不确定性消除只是可能变化之一。

根据信息价值论原理 A5，式（1-1）是一种绝对信息测度，它给出一个信息项本身的一个（数量）值。

1.2.4 信息、数据和知识

数据是对客观事实的记录，是一种资源和可操作对象。知识是对客观事物规律的认识，在逻辑学里，知识用逻辑命题和谓词表示。数据-信息-知识三元组最流行的方法是用金字塔表示它们之间的层次结构关系，如图 1-6 所示，其中数据在金字塔的底层，知识位于金字塔的顶部，信息位于金字塔的中间。数据-信息-知识金字塔也经常被扩展为数据-信息-知识-智慧四层结构，此时智慧位于金字塔的顶端。

然而布尔金等指出，数据-信息-知识金字塔的分层结构不合理，并且从方法学上来说也不受欢迎。根据信息本体论原理 O2，布尔金提出假如取物质作为不同于能量和真空的一切物质的名字，可以得到图 1-7 表示的关系，这个图被称为知识-信息-物质-能量（KIME）正方形。

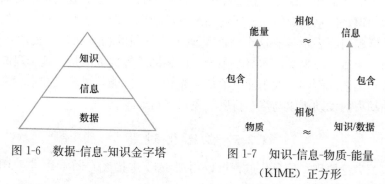

图 1-6 数据-信息-知识金字塔

图 1-7 知识-信息-物质-能量（KIME）正方形

图 1-7 表明，信息相关于知识和数据，就像能量相关于物质，可以从物质提取能量，可以从知识/数据提取信息。例如，我们看一本书，书是信息的物理载体，或者说书中富有含义的文本是信息的载体。如果这些文本表示了某种知识和/或认知信息逻辑系统的结构，这些文本就能被理解。这个知识和对应结构形成了这本书里信息的思想载体。

KIME 模式意味着信息具有本质上不同于知识和数据的特性，知识和数据是同样的类型，知识和数据是结构，而信息只被表示，并且能被结构承载。自然界里信息的存在给出信息与知识本质差异的直接证据。例如，石头没有知识，它们仅包含信息，地质学家能利用石头提取它的信息，建立关于这个石头的知识，包括：重量、外形、颜色、类型、硬度等。

对信息与知识之间关系的新认识，能得到一个比数据-信息-知识金字塔更合理的解释，即数据-信息-知识三元组具有如图 1-8 的形式。

数据与知识之间关系的异同可以这样形象地解释：数据和知识像分子，但是数据像水分子，它有三个原子，而知识像 DNA 分子，它结合了几十亿个原子。图 1-8 也展现了数据-知识动力学，即在附加信息的作用下，数据变成了知识。即信息是把数据转变成知识的有效要素，这类似于物理领域的情况，那里能量用于做功，功改变了物体及它们的位置和能量。

图 1-8 数据-信息-知识三元组

数据到知识的转变可以用图 1-9 所示的过程来描述。

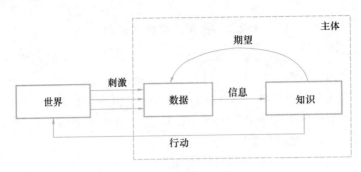

图 1-9　数据到知识的转变

图 1-9 表明，物理存在的是数据，而不是信息。数据深植于世界的物理性质当中，信息则深植于个人的评估和预期中。信息是一个有知识的人能够从数据当中提取的东西，并可以形成新的知识。信息提取依赖于所使用现有的知识，即算法和逻辑、模型和语言、操作和程序、目标和问题表示等。这个情况类似于从不同的物质和过程提取物理能量的情形，如从石油、天然气、煤炭、木材、阳光、风、潮汐等提取能量，这个提取依赖于使用的设备、技术和工艺。例如，太阳能电池把阳光转变为电能，风轮机和水轮机旋转磁铁产生电流，石油动力的发动机驱动汽车行驶、飞机飞行。

1.2.5　信息化过程

按照一般信息论原理，信息化过程可以用图 1-10 来描述。图 1-10 是对图 1-5 所示静态通信三元组的信息本质视角和解释。

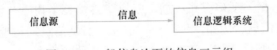

图 1-10　一般信息论下的信息三元组

信息化过程通常由信息采集、处理、表达、分析和服务几部分组成。信息采集主要与信息源相关，是从源头上能够提取或产生信息，类似于产生能量。信息处理和表达主要目的是让信息更易使用、更易流动，类似于转变能量的形式，将能量从低级形式向更易于流动和使用的高级形式转变。信息分析主要是用知识从现有的信息中进一步提取新的信息，增加信息量，类似于增大能量。信息服务主要是选择或建立信息逻辑系统，让信息对信息逻辑系统产生作用，类似于让能量发挥实际作用，让能量去做"功"。

1.2.6　土木工程信息化

由于土木工程本身的特点，决定了土木工程信息获取的要求，信息的处理，表达与分析的要求，信息服务的要求，与其他工程问题有相似之处也必然有所区别，特别是与香侬信息论的通信工程有很大区别，因此必须大力发展土木工程的信息采集、处理、表达、分析和服务的理论、方法和技术，一方面解决现有土木工程发展中遇到的问题，另一方面引领土木工程向信息时代转型，并为土木工程向智能时代演进奠定基础。

本书即从土木工程信息的采集、处理、表达、分析与服务几个方面展开，以期全面介绍土木信息技术发展现状及相关基础理论、方法和技术的知识。

习　题

1. 简述你对土木工程发展所面临的主要问题的理解。

2. 简述信息时代的土木工程应该具备什么样的特点。

3. 试举一个如何用大数据和人工智能技术，让土木工程更加智能化的例子。

4. 根据一般信息论，信息的定义是什么？如何度量？

5. 谈谈你对数据、知识与信息之间关系的理解。

6. 信息化过程通常由哪几部分组成？

7. 求下述变量的熵 $H(X)$。

$$X_1 = \begin{cases} 1 & 概率为\ p \\ 0 & 概率为\ 1-p \end{cases}$$

$$X_2 = \begin{cases} a & 概率为\ 1/2 \\ b & 概率为\ 1/4 \\ c & 概率为\ 1/8 \\ d & 概率为\ 1/8 \end{cases}$$

第2章 土木工程信息采集

2.1 概 述

香侬认为信息的目的是为了消除或减少不确定性。土木工程中不确定性包括材料的随机不确定性、结构所受到荷载的不确定性、环境方面的不确定性等，这给结构设计、安全运维带来了更多的困难。在土木工程的实践中，一直是在结构设计的安全性和经济性上寻找平衡点，而撬动这个平衡点的方法，一方面是通过引入新材料、创新结构形式，另一方面是通过降低结构、材料、荷载等相关信息的不确定性，并将这些信息用于结构设计、性能评估及运维决策中。随着信息技术、传感器技术、数据挖掘、大数据分析、人工智能等相关学科的飞速发展，获取信息的途径更加多样、成本越来越低，使得基于数据的研究方法逐渐成为土木工程学科发展中理论研究、数值模拟、试验验证之后又一种重要的研究方法。

信息呈现的形式多样，如标量、矢量、时间序列、声音、图片、视频、空间信息、遥感信息等各种形式。根据不同的研究对象，还有非常多的分类方法。土木工程信息的一种分类如下：

(1) 结构初始设计信息：包括结构的设计尺寸、材料、配筋等具体的细节，也包括场地方面的地形、基础状况等。

(2) 使用过程的维护信息：包括结构在使用过程中关于尺寸、材料、荷载布置上的变化情况，以及相应改造措施的详细信息。

(3) 结构所受荷载的信息：包括风荷载、地震作用、交通荷载、环境振动等。

(4) 结构响应的信息：包括形变（应变和位移）、位移响应、速度、加速度等。

(5) 与环境相关的信息：包括结构、混凝土所处的使用环境，如温度、湿度、氯离子浓度、化学腐蚀环境等。

(6) 与土木工程相关的管理信息：在土木工程结构运维过程中涉及的管理权限、管理任务、时间等。

信息采集（Information Collection）是指根据特定的目标和要求，将分散蕴含在不同时空域的有关信息，通过特定的手段和措施，采掘和汇聚的过程。信息采集技术是以模拟信号处理、数字信号处理、数字化和计算机技术等为基础形成的一门综合技术。

信息采集的目标是那些有价值的信息，因此在进行信息采集之前，要先确定采集信息的范围、采集信息的类型、采集方法与技术、采集设备等。

信息采集的基本原则如下：

(1) 目的性：信息采集要有针对性，根据需求有目的地采集信息，例如：结构变形、质量检查等；

(2) 系统性：零散的信息不能反映事实真相，系统性是提高信息利用价值的保证；

(3) 预见性：也叫前瞻性，就某一领域相关信息的采集要有一定的预期，大致可能会

获得什么规律或结论;

（4）科学性:信息采集方法要有科学性,采集的类型、数量、质量等都要有科学依据;

（5）及时性:信息具有时效性,其价值的大小与提供信息的时间密切相关,信息采集不及时或采集过时信息都会造成时间和资金的浪费;

（6）计划性:信息采集计划包括时间计划和内容计划,具体内容包括采集信息的内容、范围、精度、数量、费用等。

2.2　土木工程信息采集技术与设备

土木工程中的信息采集,主要是通过传感器、数据采集设备、传感网络获得与结构设计、维护、荷载、响应及环境相关的信息。一个采集系统通常包括传感器、数据采集、数据传输、数据预处理模块。数据采集设备可以采用星型、树型、分布式等的拓扑方式进行采集设备与采集设备、采集设备与传感器的连接。数据传输模块可以采用有线和无线方式,包括4G、WiFi、Zig Bee等成熟技术,以及一些新兴的LoRa、NB-IoT等技术,应该根据现场的实际环境和工作特点进行选择。

2.2.1　数据采样定理

传感器是一种典型的换能器,把物理世界的物理或化学等能量转换成电能,感知现实世界的物理量。现实中的物理量是以连续的方式在变化,需要通过传感器进行数据采样完成数据的离散化,如图 2-1 所示。

采样是将一连续信号转换成一个数值序列的过程,采样过程是在时间上以 T 为单位间隔来测量连续信号的值,T 为采样间隔。采样定理是1928 年由美国电信工程师 H·奈奎斯特首先提出来的,信息论的创始人香侬对这一定理加以明确地说明并正式作为定理引用。采样定理解决的主要问题是连续信号通过采样变成了离散信号,需要什么样的条件才能将原来的连续信号从采样样本中完全重建出来。为了不失真,采样频率应该

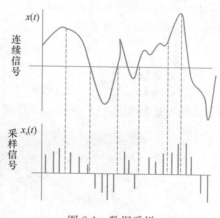

图 2-1　数据采样

不小于信号频谱中最高频率的 2 倍,例如在采集结构的加速度响应信号时,如果结构振动信号的最高频率是 25Hz,那么采样频率至少需要达到 50Hz 才能够重建原始的连续信号。

2.2.2　传统采集技术

1. 空间位形检测

本节主要介绍空间位形检测方法。

（1）全站仪采集

全站仪是全站型电子测距仪的简称。因为只需要安置一次,仪器就可完成该测站上的

全部测量工作，所以称之为全站仪（图 2-2）。全站仪是集水平角、垂直角、距离（斜距、平距）、高差测量功能于一体的测绘仪器系统。因其操作简便，测量精确，被广泛用于地上大型建筑和地下隧道施工等精密工程测量或变形监测领域。

图 2-2   全站仪测量

（2）3S 技术

3S 技术是三种技术的统称，即遥感技术（Remote Sensing，RS）、地理信息系统（Geographical Information System，GIS）和全球定位系统（Global Positioning System，GPS）。这是对地观测系统中空间信息获取、存储管理、更新、分析和应用的三大支撑技术。

遥感技术可以通过从远距离感知目标反射或自身辐射的电磁波、可见光、卫星云图以及红外线，来对目标进行探测和识别。它是一种利用人造卫星、飞机或其他飞行器收集地物目标的电磁辐射信息，获取地球环境和资源信息的技术（图 2-3）。

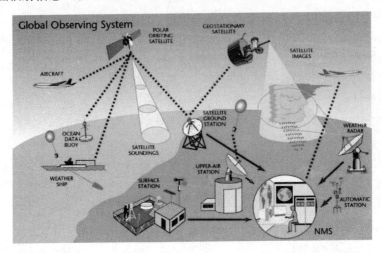

图 2-3   遥感技术

地理信息系统（GIS）是一种采集、存储、管理、分析、显示与应用地理信息的计算机系统，是分析和处理海量地理数据的通用技术，被各行业用于建立各种不同尺度的空间数据库和决策支持系统，向用户提供空间查询、空间分析和辅助规划决策的功能（图2-4）。

图 2-4 地理信息系统

全球定位系统（GPS）是利用定位卫星，在全球范围内实时进行定位、导航的系统（图 2-5），能为全球用户提供低成本、高精度的三维位置，速度和精确定时等导航信息。

图 2-5 全球定位系统

2. 应力应变检测

对构件的应力应变进行检测，可以衡量结构的安全性能。工程中常见的检测元件有电阻应变片、振弦传感器等。

（1）电阻应变片

电阻应变片是将工程构件上的应变，即尺寸变化转换成为电阻变化的转换器，一般由敏感栅、引线、胶粘剂、基底和盖层组成（图 2-6）。

基于金属丝的电阻值与金属丝的长度、横截面积有关的工作原理，将金属丝粘贴在构件上，当构件受力变形时，金属丝的长度和横截面积也随着构件一起变化，导致电阻变化。应变 ε 与电阻变化率 dR/R 呈线性关系。电阻应变片的测量精度可精确到 $1\mu\varepsilon$，测量范围可达 $20000\mu\varepsilon$，响应时间短，一般为 10^{-7}s。

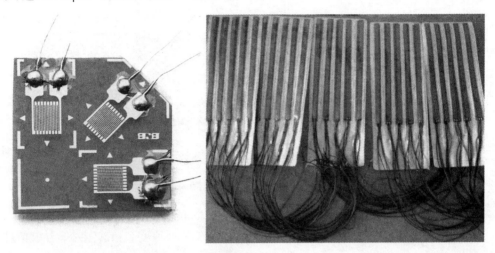

图 2-6　电阻应变片

（2）振弦传感器

振弦传感器（Vibrating Wire Transducer）是以拉紧的金属弦作为敏感元件的谐振式传感器（图 2-7）。当弦的长度确定之后，其固有振动频率的变化量即可表征弦所受拉力的大小，通过相应的测量电路，就可得到与拉力呈一定关系的电信号。

图 2-7　振弦传感器

振弦传感器具有如下的特点：①输出信号稳定性高；②长期工作可靠性高；③适合长距离传输；④适应在恶劣环境下工作。

3. 结构动力响应测量

通过频率信号的方式进行信息测量，精度往往较高，具有抗干扰性强，易于远距离传输，温漂、零漂较小，性能稳定可靠，能适应恶劣条件下长期观测，便于和数字计算机系统相连接等优点。在测量时，多种非频率物理量的传感信号也可以转化为频率量进行测量。在工程振动检测中一般会用到各类振动传感器（图 2-8）来进行频率的测量。从机械接收原理方面看，振动传感器一般分为相对式、惯性式两种。

图 2-8　振动传感器

相对式振动传感器的工作原理是在测量时，把仪器固定在不动的支架上，使触杆与被测物体的振动方向一致，并借弹簧的弹性力与被测物体表面相接触，当物体振动时，触杆就跟随它一起运动，在触杆上的记录仪器同时记录下振动物体的位移随时间变化的曲线。根据这个记录下来的曲线就可以计算出振动物体的振幅大小及频率等参数。

惯性式振动传感器测振时，是将测振仪直接固定在被测物体的测点上，当传感器外壳随被测振动物体运动时，由弹性支承的惯性质量块将与外壳发生相对运动，装在质量块上的记录仪器就可记录下惯性质量块与外壳的相对振动位移幅值，然后利用两者之间的相对振动位移的关系式，即可求出被测物体的绝对振动位移、频率等参数。

传感器领域技术发展迅速，信号转换的方式也日新月异。按照转换方式，振动传感器有电动式、压电式、电阻式、光纤光栅式等。振动传感器因其成本低、灵敏度高、工作稳定可靠的优点，在结构健康监测以及地质和地震设备等领域有着广泛的用途。

4. 索力检测

大跨度桥梁中常常会用到索类构件，如斜拉桥的拉索，悬索桥的主缆以及吊杆等，这些索类构件同时也是关键受力构件。目前国内外使用较多的索力测量方法有千斤顶油压表法、压力传感器法、磁通量法、频率法等。

（1）千斤顶油压表法

千斤顶油压表法的原理是根据索结构张拉时油泵上的液压油表读数来计算千斤顶的张拉力。使用该方法测试索力时，需要事先对千斤顶的液压系统用精密压力表进行标定，建立千斤顶的张拉力与液压油表读数之间的关系。用此方法测定索力的精度可达到 $1\% \sim 2\%$。此外，也可用液压传感器测定千斤顶的液压，接收仪表收到信号后可显示压强或经换算以后直接显示出索结构的张拉力。

此方法仅适用于施工阶段的拉索索力控制，对于成桥后的运营期拉索索力是无法使用的。

（2）压力传感器法

将穿心式压力传感器安装在拉索锚具和索孔垫板之间，拉索在张力的作用下使弹性材料即压力环受到压力作用，并发生变形，通过附着在压力环上的应变传感材料将它的变形转换成可以测量的电信号或者光信号，再通过二次仪表即可得到索结构的张拉力（图2-9）。

图 2-9　压力环

这类压力传感器的精度一般可以达到 $0.5\% \sim 1\%$，适用于在施工阶段就预埋了压力传感器的索类结构，并可以进行长期监测。但是通常需要针对拉索锚具构造及尺寸专门设计，且一般安装后无法取下，所以不够经济。

（3）磁通量法

磁通量法的原理是利用小型的电磁传感器测试拉索的磁通量变化，然后根据拉索索力、温度和磁通量变化来计算拉索索力。

该方法所用的仪器是由两层线圈缠绕而成的电磁传感器（图2-10），除磁化拉索外不

图 2-10　磁通量传感器

会对拉索产生任何物理特性和力学特性的影响。铁磁材料的应力状态决定了它的磁通量特性，对于任意一种铁磁材料，在实验室分别进行几组不同内力、温度下的试验，建立磁通量变化与结构内力、温度的关系后，即可用来测定用该种材料制造的拉索索力。

（4）频率法

频率法测量拉索索力的原理是利用固定在拉索上的加速度传感器采集拉索在人工激励或环境激励下的振动加速度信号，经过滤波、放大以及频谱分析后，由得到的频谱图确定拉索的自振频率，然后根据拉索的自振频率与拉索索力之间的关系来确定拉索索力。

采用频率法测试拉索索力时只需要测得准确的吊杆自振频率，通过索力与自振频率之间的对应关系即可得到索力。频率法操作简单、使用方便、测试精度高，因此得到了广泛的应用（图 2-11）。

图 2-11　频率法测索力

5. 病害检测方法

（1）混凝土表观裂缝的目视检测

目视调查也称现场调查，是直接针对混凝土结构和裂缝的调查，可以直接获取混凝土构筑物的现状和有关裂缝最真实、最客观的信息（图 2-12）。通过在现场用肉眼或显微镜对混凝土构造物进行整体目视劣化调查，可以了解混凝土结构中裂缝发生的部位、走向、数量、宽度等信息。目视检查的检测精度可以达到 0.01mm。检测用的显微镜通常连着一个可以在任何工作条件下都能提供清晰图像的可调光源。

（2）混凝土裂纹渗透法探伤

如图2-13所示，渗透探伤是一种以毛细作用原理为基础的检查结构表面开口缺陷的无损检测方法。使用该方法时，首先需清洁被检表面和工件，并保证其干燥且实验前不被污染。其次，将着色渗透液均匀喷涂于受检工件表面，在10～50℃的温度条件下，渗透持续时间一般不少于10min。之后，依次用干燥、洁净、不脱毛布和蘸有清洗剂的干净不脱毛布或纸进行擦拭。接着，被检面干燥后喷施显像剂，应在显像剂施加后7～60min内记录缺陷。检测结束后，需清除工作表面残留的各种对以后使用或对材料有害的残留物。

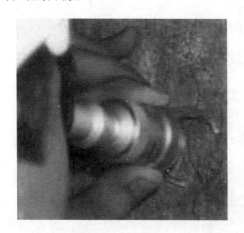 

图2-12　目视检测　　　　　　图2-13　利用渗透法进行混凝土裂缝探伤

（3）混凝土碳化深度测量

混凝土碳化深度采用浓度1%的酚酞酒精溶液在混凝土测区表面凿出直径约为15mm的孔洞进行检测，以pH=9为界，碳化区呈现无色，未碳化区呈现粉红色，但是该试剂仅能检测完全碳化（图2-14、图2-15）。

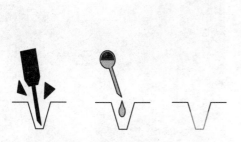 

图2-14　碳化深度测量原理　　　　　图2-15　碳化深度测量

（4）混凝土氯离子含量测定

氯离子侵入混凝土后，会逐步破坏钢筋表面的钝化膜，使钢筋锈蚀。在氯离子的催化作用下，阳极的铁离子加速溶解，从而出现钢筋截面在局部明显减小的现象。当前用于混凝土氯离子含量测定的方法有硝酸银喷涂法、氯离子选择电极法等。其中，硝酸银喷涂法是将混凝土试块劈开或切开，在断面上喷涂硝酸银，并通过显色剂显色得到氯离子的扩散深度，一般用于只需定性分析的工程快速测定试验；氯离子选择电极法是将待测混凝土制备成待测溶液，用氯离子选择性电极测定待测溶液的电压，与标准曲线对比即可得到混凝土的氯离子含量，该方法操作快捷，所需的仪器轻便、价廉，便于推广普及，适用于现场分析，广泛应用于工程方面（图 2-16）。

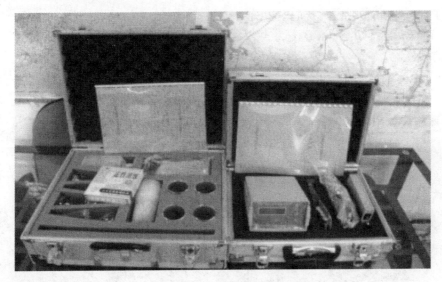

图 2-16　氯离子含量测定仪

（5）混凝土电阻率测定

混凝土中钢筋的腐蚀是一个电化学过程，它产生电流使金属离解。电阻率越低，腐蚀电流流过混凝土就越容易，腐蚀的可能性就越大，因此测量混凝土的电阻率可以有效评价其抗腐蚀能力和评估现有钢筋的腐蚀程度。混凝土的电阻率可采用混凝土电阻率测定仪进行检测（图 2-17、图 2-18）。

图 2-17　混凝土电阻率测定仪　　　　　　图 2-18　测定混凝土电阻率

（6）混凝土强度的回弹仪检测法

回弹仪能够现场检测混凝土结构的强度。通过回弹仪弹击锤弹击与混凝土接触的弹击杆，给混凝土施加动能，混凝土表面受到弹击后所产生的瞬时弹性变形的恢复力，使弹击锤带动指针弹回并指示出弹回的距离，即回弹值，得到混凝土的表面硬度。根据混凝土表面硬度与强度的相关性推导出混凝土的强度（图2-19、图2-20）。

图 2-19　回弹仪

图 2-20　检测混凝土强度

回弹仪检测法操作简单、方便快捷，同时被测混凝土结构的形状尺寸一般不受限制，在混凝土结构的强度现场检测中被广泛使用。但由于回弹仪仅仅作用于混凝土表面的一点，仅能测量该点的硬度，单次测量的误差可能很大，需要多次测量取平均值来减小误差。

（7）混凝土强度的钻芯取样检测法

检测混凝土抗压强度最准确的办法是钻芯取样法，在结构上钻芯取样后，在压力机上测试样块的抗压强度（图2-21）。该方法是最准确、最直观、最可靠的检测方法，但这种方法需钻芯取样，会对混凝土结构造成一定的破坏，影响结构安全性，且检测周期较长，费用较高，操作复杂，难以快速得到检测结果。

图 2-21　钻芯取样

（8）混凝土强度的拔出检测法

拔出检测法是将一金属锚固件埋入混凝土构件内，然后测试锚固件被拔出时的拉力，由被拔出的锥台形混凝土块的投影面积，确定混凝土的拔出强度，并推断混凝土的立方体抗压强度（图2-22）。拔出检测法测量精度高，可测强度达85MPa的混凝土，但是对混凝土构件有破坏性。

（9）钢筋分布扫描仪

将钢筋分布扫描仪置于钢筋混凝土构件表面，扫描仪的探头将产生电磁场，由于电磁感应，在钢筋中产生感应涡流，使电磁场强度发生变化，探头感应到电磁场的变化，就可

图 2-22   拔出检测仪

以测定钢筋位置及间距，同时可以检测混凝土保护层厚度、测量钢筋直径等（图 2-23、图 2-24）。

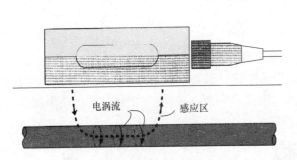

图 2-23   钢筋分布扫描仪

图 2-24   采用钢筋分布扫描仪检测钢筋

由于预应力筋外部有套管包裹，且在混凝土中埋藏较深，钢筋分布扫描仪较难使预应力筋产生感应涡流，因此测量误差较大。

（10）钢筋锈蚀的半电池电位试验方法

半电池电位法是钢筋锈蚀的一种电化学方法，是通过测量钢筋的自然腐蚀电位判断钢筋的锈蚀程度（图 2-25）。

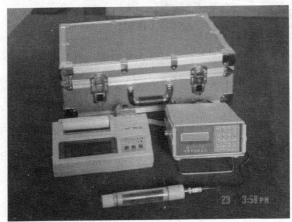

图 2-25   试验仪器

钢筋发生腐蚀时，在其接触面上会发生电荷交换，产生电流并发生极化。在极化过程中，阳极电位升高，阴极电位降低，最终达到一个平衡电位，即腐蚀电位。混凝土中的钢筋的活化区（阳极区）和钝化区（阴极区）显示出不同的腐蚀电位。混凝土和钢筋的电学活性可看作半个弱电池组，分别作为电解质和电极。利用 $Cu\text{-}CuSO_4$ 饱和溶液组成的半电池组与钢筋-混凝土形成一个全电池系统，由于前者电位稳定，钢筋的半电池电位能够引起全电池电位变化，根据混凝土中钢筋表面各点的电位即可评定钢筋的锈蚀状态。

（11）混凝土内部质量的超声波检测法

混凝土结构的内部缺陷难以发现，需要运用一些特殊的方法技术和设备进行混凝土结构内部缺陷的测定（图 2-26）。超声波在不同的声阻抗界面会发生反射，反射波的能量与声阻抗差异和界面取向、大小有关，当材料内部存在缺陷时，就会使均匀材料内部出现声抗阻不一致的界面，从而对混凝土内部缺陷进行检测（图 2-27）。

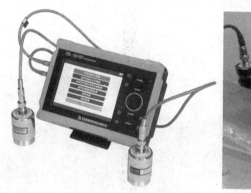

图 2-26 超声波探伤设备

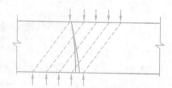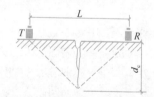

图 2-27 混凝土结构超声波探伤原理

超声检测设备可检测裂缝的深度和混凝土内部的空洞和密实度。用纵波可探测金属铸锭、坯料、中厚板、大型锻件和形状比较简单的制件中所存在的夹杂物、裂缝、缩管、白点、分层等缺陷；用横波可探测管材中的周向和轴向裂缝、划伤，焊缝中的气孔、夹渣、裂缝、未焊透等缺陷。

（12）混凝土内部质量的雷达检测法

雷达检测法主要是利用不同的介质在电磁特性上的差异会造成雷达反射回波在波幅、波长及波形上有相应的变化这一原理。由于混凝土与钢筋、水和空气间均存在明显的电磁性能差异，因此可以用雷达法探测混凝土中的空洞、裂缝。雷达的发射天线向被探测介质的内部发射高频电磁波，在电磁特性有突变的地方，雷达波部分被反射回来，部分发生散射，剩下的则继续向内透射，反射回的雷达波由接收天线接收（图 2-28）。接收到的雷达信号经计算机和雷达专用软件处理后形成雷达图像，对介质的内部结构，如介质厚度、分

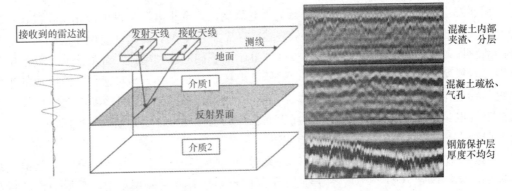

图 2-28　雷达波传播示意

界面、内部埋藏物或缺陷的埋藏深度、大小、形状等信息进行描述。

（13）混凝土内部质量的红外热成像检测法

红外热成像系统可对构件表面进行加热，混凝土表面在受到加热后，热波向混凝土内部传输，同时混凝土表面产生红外辐射（图 2-29、图 2-30）。

图 2-29　红外热成像检测仪

图 2-30　红外热成像图

混凝土内部存在空洞或其他不连续的缺陷，会使混凝土内部热学性质存在一定差异，出现热传导不连续，并在混凝土构件表面产生温差，这样混凝土构件表面的局部区域便产生温度梯度，红外热能随之发生变化。根据混凝土结构整体热能变化，利用数字红外热成像仪能扫描混凝土结构的热能分布，获得热成像图谱，从而推断出混凝土内部缺陷病害的信息。

（14）混凝土内部质量的冲击回波检测法

冲击回波法是通过锤击方式产生瞬时冲击弹性波并接收冲击弹性波信号，通过分析冲击弹性波及其回波的波速、波形和频率等参数，判断混凝土结构内部缺陷（图 2-31）。

图 2-31　冲击回波测试仪

锤击使混凝土结构表面产生 P 波和 S 波，并传输到混凝土结构内部。P 波和 S 波受内部缺陷（声阻抗差）或外部边界影响而被反射。当反射波返回混凝土结构表面时，接收传感器会测量到二者的位移。由于 P 波在混凝土内部空隙经历多次反射，传感器能够检测到一系列的低振幅振荡波谱，从而反映出混凝土内部缺陷。

6. 公路检测技术及设备

公路工程中的检测技术主要包含对车辆的检测与对公路的检测。对车辆的检测主要为重量测量，对公路的使用性能和结构性能的评价一般从平整度、路面破损、抗滑性能、车辙深度、路面结构弯沉等几个方面来进行。

（1）WIM 法车辆重量测量

如图 2-32 所示，动态称重是指通过测量和分析轮胎动态力测算一辆运动中的车辆的总重和部分重量的过程。动态称重系统是一组安装的传感器和含有软件的电子仪器，用以测量动态轮胎力和车辆通过时间并提供计算轮重、轴重、总重（如车速、轴距等）的数据。动态称重系统按照设备适应的速度范围，又可以分为高速动态称重系统和动态自动衡器两种。高速动态称重系统一般可以对 5～120km/h（国内高速公路最高限速为 120km/h）时速通过的车辆进行自动称重。目前该产品尚没有国家或者行业标准。动态自动衡器需要限定车辆的通过速度，一般在 5km/h 以下时速匀速通过时，可以达到较高的准确度。目前在国内多数用于公路计重收费系统和公路超限超载检测站的低速复核称重，该产品现已有国家标准。

图 2-32　WIM 车辆称重系统

动态称重的优点在于不妨碍行驶的条件下获得交通数据，缺点是精度不如静态称重系统高，且数据中还包含了行驶中车辆的动力效应。

（2）平整度检测技术

平整度智能采集技术分两大类，一类是反应类平整度检测技术，一类是断面类检测技术。高等级公路一般采用断面类平整度检测技术，因为此类技术检测精度更高，且受车辆载体、车速的影响较小。

根据实现方法的不同，断面类平整度检测技术又分为基于惯性基准断面的检测方法和基于高程传递的检测方法。

基于惯性基准断面的检测方法优点是实现比较容易，精度较高，仅需一个测距传感器，成本相对较低；缺点是在极低速（小于 20km/h）和较大变速（大于 3m/s²）检测时会产生较大误差。

基于高程传递的检测方法优点是不采用加速度计，因而完全不受速度和变速的影响，缺点是在弯道位置测量的纵断面不准确，而且需要采用多个激光测距，因此设备成本较高，数据处理过程也相对复杂，目前仅有少量设备采用这种方法。

就目前来说，基于惯性断面的平整度检测技术未来仍然是平整度检测的主流技术。随着计算机数据处理技术的发展，未来的发展趋势是研究精度更高的加速度计误差处理算法，提高该技术在极低速和较大变速情况下的检测能力。在基于纵断面的路况解析技术方面，未来的趋势是不仅采用纵断面评价宏观的舒适性，还将利用高精度的纵断面数据评价局部的道路变形类病害，如错台、桥头跳车、坑槽等。

（3）路面破损检测技术

目前裂缝类路面破损检测技术主要采用的是机器视觉检测技术，即通过路面图像的自动采集和路面图片的机器识别实现路面破损的自动检测。

除机器视觉检测技术外，目前国外有研究机构正在研究采用高速三维激光扫描技术进行路面破损的自动检测，这种技术利用高速三维扫描设备获取高精度的路面三维数字模型，进而通过路面病害特征的提取获得路面破损数据。

相比机器视觉技术，这种技术受光照环境及路面本身污染的影响较小，但受激光扫描速度影响，目前该技术还不能实现在高速情况下检测细微裂缝的功能，且对数据存储及处理能力要求很高，因此还未达到工程化应用的程度。

路面破损智能检测未来的发展方向是三维激光扫描技术，因为可以获得高精度的路面表面三维数字模型，这种技术可以同时实行裂缝类病害和变形类病害的自动检测。但这项技术要达到工程化应用的程度还需要解决诸如激光高速扫描、海量数据存储及处理、各类病害特征提取等多个技术难题。

（4）抗滑性能检测技术

目前世界各国已经形成了多种路面抗滑性能的测试方法，根据测试方式可以分为测定摩擦系数等参数的直接法和测定路面微观构造和宏观构造的间接法。

国际通用的摩擦系数测试系统主要有两类：一类是测横向力摩擦系数，以英国的SCRIM 为代表，广泛应用于欧洲国家；另一类是测定纵向摩擦系数，北美、欧洲和日本等国家和地区也经常采用。

由于路面的抗滑能力受宏观构造和微观构造的综合影响，仅仅采用宏观构造的纹理深度指标不能完全反映路面的抗滑能力，而摩擦系数测试值主要反映的是微观构造的抗滑能力，因此两者单独作为抗滑能力的评价依据都存在不足。PIARC（Permanent International Association of Road Congresses，国际道路会议常设协会）提出了一种综合考虑路面宏观构造深度和摩擦系数测试值的抗滑能力评价指标 IFI，但评价模型较为复杂，目前该指标的应用范围并不广。

路面抗滑能力的检测技术未来的发展方向是综合考虑路面的微观构造和宏观构造对抗滑能力的影响，采用同一设备同时实现这两项内容的检测，获取更全面的抗滑能力评价指标。

（5）车辙检测技术

车辙检测主要是通过道路横断面的测量获得的。从实现方法上，目前道路横断面的测量方法主要有三类：点激光横断面测量方法、线扫激光断面测量方法和线结构光横断面测量方法。

点激光断面测量设备包含激光器、转动装置、光电放大器、整形器等仪器。当光点打在路面时，反射激光给时钟信号记录时间脉冲，在视距图上得到时间坐标。当发光器和激光器转动且激光点对路面扫描时，到达不同的位置，得到不同的脉冲时间。当路面有凹陷时，这一点的光点跌入坑中，落差即为车辙深度。根据光点经历车辙深度的光时差与光点的增长部分相等，可计算车辙深度。

线结构光横断面测量方法原理如图 2-33 所示。图中 L 为成像设备与线结构光发射器的间距，θ 为成像设备俯角，H 为成像设备的安装高度，X_h 为路面凸变形量，X_l 为路面凹变形量。设线结构光垂直投射于路面，当路面平整时，线结构光与路面交于 O 点；当路面有凸变形时，交于 A_1 点；而当路面有凹变形时，交于 B_1 点。另有一成像设备倾斜拍摄（拍摄俯角 θ），当路面平整时，像点位置不变，仍为 O 点；而当路面发生凸

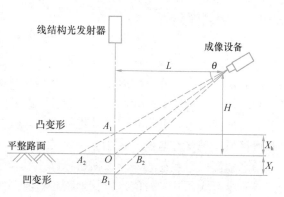

图 2-33　线结构光横断面测量方法原理

变形或凹变形时，像点则会相应地平移至 A_2 点和 B_2 点，采集此时的线结构光变形图像，光条的变形程度就反映了路面的变形程度，而其中轮迹带处的凹变形即为路面车辙。

（6）弯沉检测技术

根据测试方式的不同，弯沉检测技术可分为固定采样和行驶采样两类，按照检测装置的施荷特性可以分为 3 类：静态弯沉量测、稳态动力弯沉量测和脉冲动力弯沉量测（模拟实际行车荷载）。目前无论采用哪种弯沉检测技术，都存在检测速度慢、影响交通的问题，国内外很多研究机构都在研究高速的弯沉检测技术，其中激光弯沉检测技术的研究已接近应用阶段，也是未来的发展方向。

2.2.3　传感器网络技术

传统的传感器仅能产生数据流而没有计算能力，将多个传感器的信息传输到数据采集

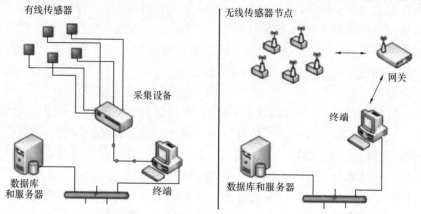

图 2-34　有线传感器网络与无线传感器网络

设备上，进而通过有线的方式传输至数据中心及信息处理系统上，这就形成了传统的有线传感器网络（图2-34）。但有线网络需要布线，部署成本高而且不够灵活，传感器从早期的模拟信号输出，经过了数字化传感器、多功能传感器、智能化传感器到传感器网络的发展，在通信技术上经历从单个连接、有线网络、无线单跳到无线多跳网络的发展，在体积上逐渐向小型化、微型化方向发展。

1. 无线传感网络技术特点

随着现代电子技术的发展与进步，电路得以实现集成化与微观化，在一块小小的芯片上就可以建立一个无线传输系统，这种无线传输系统能够实现近乎所有的逻辑指令传输，感知客观现实世界，并且能够对现实改变做出灵敏的反应，这就是新兴起的无线传感器网络（Wireless Sensor Network）。这种网络综合了微电子技术、嵌入式计算技术、现代网络及无线通信技术、分布式信息处理技术等，互相协作相互依托能够实现各种监测，对整个布网区域实现实时监控，并能够及时传送各种数据信息。传感器网络在地震系统监测、地理信息监测、卫星遥感监测、城市道路系统监测等技术领域有着非常广阔的应用前景，同时还具有巨大的开发价值。概括地说，这种新型的无线传感器网络系统主要是由传感器节点（sensor）和接收器节点（sink）共同组成。传感器节点主要是对检测到的数据信息进行感知同时能够实现对所得到的数据信息进行快速有效传输；接收器节点是数据信息传输的目的地，通常情况下可以使用半自动或计算机全自动控制，最大的优点是还可以和其他网络体系共同接入使用。

作为一种高密集度的无线自组织网络，无线传感器网络与传统的复杂有线网络相比有很多不同，有其自身的优点和特性，不仅仅可以取代复杂而又烦琐的有线网络，同时对新兴网络的利用和研究也提出了新挑战。

（1）无线传感器的主要目的就是从所处的环境中实时准确地采集到有用的信息，对数据做出适时处理并将数据传递给数据信息接受者，此无线传感器主要以信息数据为中心。其通信模式为多对一，这也是无线传感器网络所具有的比较独特的特点。无线传感器网络是一种新型的设计理念，可以打破传统模式，也对未来设计提出新的挑战。

（2）无线传感器网络非常符合21世纪发展无碳节能的标准，它的低功耗、低设计成本、体积微小易于携带组装等特点很受时代欢迎。但是就是因为其造价低廉、体积微小，所以节点的功能必然会受到限制，同时也会影响到计算机的内存以及CPU的高速计算能力，数据的通信传输也会受到约束。另外还有供电问题，采用传统供电方式供电就会受到约束甚至带来不利影响，所以需要发展一种新型供电电源，比方说新型太阳能电池的应用，新型聚能环的使用，新型能量转化器的使用等。这也是发展无线传感器需要解决的难题，也是一项新的课题。

（3）无线传感器网络主要在特殊的环境中监测物体或环境的动态特性，所以随时会受到周围环境的干扰，同时也要能够抵抗外界例如温度、湿度、光照等的急剧变化。所以在设计无线传感器网络时要考虑其自适应能力及自我协调变更能力，同时要能够自我诊断实时处理突发问题，能够及时地向控制中心做出反馈。

（4）无线传感器网络建立时需要设立数目庞大的节点，需要大规模建立网络体系，特别是大规模的结构健康监测系统有很大的尺度。针对这一突出特点，在设计网络通信协议及节点统一布控时必须考虑整个系统的协调一致。

（5）无线传感器网络的建立主要是从其所处的环境中采集有用的数据信息并做出适时判断处理，而不是简单地像传统的有线方式单纯地传输数据，因此网络内信息处理变得很重要，这也是区别于一般无线自组织网络及传感器阵列的主要特征。

2. 物联网概念及其应用

物联网（Internet of Things）的概念于 1999 年提出，是指把所有物品通过射频识别等信息传感设备与互联网连接起来，实现智能化识别和管理。物联网可以将各种信息传感设备，如射频识别（RFID）装置、红外感应器、全球定位系统、激光扫描器等与互联网结合起来形成一个巨大网络，从而使系统可以实时自动地对物体进行识别、定位、追踪、监控、预警等。从某种意义上来看，物联网更像是一块新天地，世界的运转——包括经济管理、生产运行、社会管理乃至个人生活——都能在它上面有序进行。

物联网概念的问世，打破了之前的传统思维，它将钢筋混凝土、钢结构等土木工程构件与电缆芯片、宽带整合在一起，一个项目的全过程完全可以借助它来更方便、更完善地进行。

以建筑工程为例，由于工程环境复杂、区域大、施工人员分散作业与立体作业相交叉，靠传统的旁站式的安全管理往往很难奏效。而 RFID 具有人员、危险区域的精确定位的功能，可以实现人员位置的精确识别。当施工人员与危险区域的位置交叉重叠时，说明人员已经进入了危险区域，存在着很大的安全隐患。此时系统会马上发出安全预警信号提醒施工人员，避免安全事故的发生。

又如，建筑材料质量安全是工程安全最基本的保障，结构安全离不开质量安全的建筑材料。通过射频技术可突破条形码必须近距离直扫才能识别的缺点，无需打开商品包装或隔着障碍物，就可以实现批量识别材料微电子芯片的编码，保证材料的进场安全。物联网技术可以实现建筑原材料供应链全过程实时监控和透明管理，随时获取材料、构件信息，提高自动化程度，实现智能化供应链管理。

再如，在进行现场质量检测时，质检人员通过检测设备进行检测后，所得数据迅速传到网络中并发送至管理系统，系统自动将检测结果与相应的规范标准对比，在符合规范时会生成权威的质量检测数据报告，若出现偏差则会及时向系统以及现场的检测人员报警，即质检人员可以通过物联网及时查询检测过程及结果。

3. Zig Bee 与 IEEE 802.15.4 标准

进入 21 世纪以来，各种通信技术例如无线通信、有线通信、光纤通信、卫星通信等得到了长足发展，其中短距离无线通信技术更是现代无线通信技术中的一大研究热点。较早一些的红外通信、短波通信已经应用于各个领域，还有众人所熟知的蓝牙通信。为适合时代的发展特别是 21 世纪倡导低碳环保，实际设计时需要一种更低成本的投入，能够实现近距离传输信息数据，同时需要实现低电能的使用，Zig Bee 技术标准就是为了满足这些技术要求而产生的，其主要是实现近距离无线信息数据传输，可以实现对工业机械系统的自动信息采集和控制，医疗系统的自动检测以及大型购物商场超市的实时监测等。

Zig Bee 是基于 IEEE 802.15.4 无线标准研制、开发的关于组网、安全和应用软件等方面的技术标准。Zig Bee 技术并不是完全独立、全新的标准，它的物理层、MAC 层采用了 IEEE 802.15.4 协议标准，可通过多跳中继方式将数据传回中心控制节点，最后将整个区域内的数据传送到远程控制中心来进行集中处理。Zig Bee 协议栈模型如图 2-35 所示。

图 2-35　Zig Bee 协议栈模型

4. Zig Bee 技术协议标准的优点

无线通信技术在当今时代飞快发展，特别是短距离通信应用非常广泛。在大型结构健康监测中，有些待检测的距离较近不需要大量布线也不需要大功率发送，还有些室内监测、闭合生态系统的监测、公司内部文件传输等短距离通信。与此同时，Zig Bee 技术适应时代发展应运而生，它在短距离无线通信中占有很大优势，这些优势主要取决于 Zig Bee 技术自身的特性。

（1）省电节能。这是一个比较大的优势，如果进行长时间监测需要持续稳定的供电以保证监测不间断，可以省去换电池或充电的麻烦。还可以安装太阳能电池板进行自动充电供能，对于一般太阳能电池板经过一天的光照可以自动供电一个月以上，极其省电。与此同时，Zig Bee 技术延时短暂，系统做出响应速度极快，一般从休眠状态进入工作状态只需要 15ms，运用多节点接入网络也仅仅只需要 30ms，这样也使得整个系统更加省电节能。

（2）运行速率低。Zig Bee 工作在 20～250kbps 这一段较低的传输速率，在实地监测中有时候需要低工作速率去传输一些有用数据，信息会更安全稳定，Zig Bee 技术正好满足这一需求，能够实现低速稳定地传输信息数据。

（3）频段免费开放可以实现近距离传输。Zig Bee 所使用的频段是免费开放的，这样不仅可以省去建设系统的项目费用开支还可以全方位应用于各个系统领域甚至偏远落后山区，所涉及的免费频段分别为 2.4GHz（全球）、915MHz（美国）和 868MHz（欧洲），传输范围一般比较短，介于 10～100m 之间，这个距离一般能够覆盖整个监测区域，这个范围主要依赖于输出功率和传输信道环境，还有个很大的优点就是支持无限扩展。

（4）设计成本很低但是容量很大。应用领域非常广泛且需求量大，器件简单微型化，可以进行批量生产，进而可以降低成本。与此同时，Zig Bee 技术免协议费用还免频段费用，进而可以降低费用支出。Zig Bee 无线传感器网络可采用星状拓扑结构、片状拓扑结构和网状网络结构，最多可组成 65000 个节点的大网，这就可以使得容量很大，以利于建网和存储。

（5）低复杂度高安全性。Zig Bee 技术可以对整个系统传输信息进行自我诊断和判断，还能进行自我修复。Zig Bee 提供了数据完整性检查和鉴权能力，采用 AES-128 加密算法，能够保证信息传输过程中的安全性。传感器节点可以人工布设，也可以机械排布，还可以自组织等，使其以一定的间隔分布在监控区域，简单易设置同时方便控制。

Zig Bee 无线传感器网络系统主要有传感器节点、中心控制节点和实地环境信息监控中心三大部分组成。其系统结构框图如图 2-36 所示。

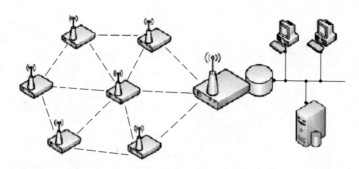

图 2-36　无线网络系统总体结构框图

2.2.4　基于光纤的土木工程信息采集技术

光电子学和光纤通信的进步带来了许多新的产业革命,光纤不仅可以作为一种传输介质,同时也可以用来设计传感系统。利用光纤作为传感元件,或者通过光纤来和传感元件联系的技术都包含在光纤传感器技术的范畴内,光纤传感器技术现在已经是光纤技术中的一个重要分支。光纤质量轻、体积小、电绝缘、耐高温、多参量测量、抗电磁干扰能力强。同时光纤具有传光特性,无需其他介质就能把待测量值与光纤内光特性变化联系起来,集信息传感和传输于一体,容易组成光纤传感网络。这些都使它拥有了其他电子传感器件不具备的优势。

光纤传感技术发展大致可以分为三个主要阶段:第一阶段,传输型光纤传感器。20世纪 70 年代中后期,光纤作为一种信息交换的基础,通过光学器件把待测量和光纤内的导光联系起来。第二阶段,单模光纤调制技术。单模光纤的深入应用,形成了强度、相位、波长、偏振、时分、频率、光栅等光纤传感技术。20 世纪 80 年代中后期,光纤传感器近百种,光纤传感器开始投入实际使用。第三阶段,20 世纪 90 年代中后期,光纤传感技术逐步形成五个主要领域:智能结构、工业、生物医学、自然生态和人居环境。光纤在工业和通信中的大量应用使得光纤材料的成本和性能在近年来进步非常快。这使得光纤传感器在旋转、加速度、电磁场测量、温度、压力、声学、振动、位移和角度、应力、湿度、黏滞性、化学测量等诸多应用领域都具备了替代传统传感器的能力。

光纤传感器可以分为本征和非本征(intrinsic and extrinsic)两大类。本征的光纤传感器指光纤本身作为传感元件,它本身的物理性质把环境变量转化为对通过它内部的光的调制,这些调制包括光强、偏振、相位、波长等。事实上所有环境变量都可以转化成光学量的调制,一种环境变量可以通过很多光纤技术来测量,设计光纤传感器的关键在于要使它只对需要测量的环境变量敏感。非本征光纤传感器中,光纤只是作为传输介质,连接传感元件(将信号转化成调制过的光信号)以及远处的接收器。图 2-37 所示为部分光纤传感元件。

光纤光栅传感器具有以下优势:

(1)体积小。普通的光纤外径一般为 $250\mu m$,可直接埋入结构内部或是粘贴在结构表面,获取传统传感器难以检测到的信号。

(2)耗能小。光纤光栅解调仪即是光源,光路经过光纤传输到传感器后反射回解调仪,路程中能量损失小,整个过程耗能与传统传感器相比也较少。

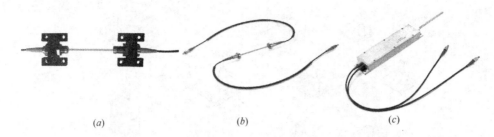

(a)　*(b)*　*(c)*

图 2-37　部分光纤为传感器

(a) 表面式光纤光栅 GFRP 应变传感器 ZX-FBG-S01C；*(b)* 埋入式光纤光栅 GFRP 应变传感器 ZX-FBG-S01D；
(c) 光纤光栅位移传感器 Zx-fbg-L01A

（3）抗电磁干扰。由于光纤光栅传感器利用光纤传递光信号，而光纤以二氧化硅为主要原料制成，本身具有绝缘的性质，因此不会受到外界的电磁场干扰，也不会对外界的电磁场分布产生影响，比传统传感器更为安全可靠。

（4）灵敏度高、测量精度高。光纤光栅解调仪的分辨率往往可达到 nm 甚至 pm 量级，对光信号敏感，因此比传统传感器更为灵敏和精确。对普通的石英光纤，中心波长为 1550nm 的布拉格光栅的应变灵敏系数约为 $1.21pm/\mu\varepsilon$，目前对光纤光栅波长漂移的探测精度可达到 0.1pm，即 $0.1\mu\varepsilon$ 左右。

（5）可进行分布式或者准分布式测量。

（6）输出线性范围广。目前光纤光栅测量范围最高可到 $8000\mu\varepsilon$，且在此范围内，光栅波长漂移与应变有着高度的线性关系，信噪比高，频带宽，便于实现各种各样的光纤传感网络，也可进行大量信息的实时测量，方便构建大型结构的健康监测系统。

（7）耐腐蚀，长期稳定性好。光纤表面的由高分子材料组成的涂敷层也使得光纤对布设环境中的酸碱等化学成分的腐蚀反应不敏感，便于长期监测结构健康状态。

2.2.5　微 机 电 系 统

微电子机械系统（Micro Electro Mechanical System），简称 MEMS，是在微电子技术基础上发展起来的集微型机械、微传感器、微执行器、信号处理、智能控制于一体的一项新兴的科学领域。它将常规集成电路工艺和微机械加工独有的特殊工艺相结合，涉及微电子学、机械设计、自动控制、材料学、光学、力学、生物医学、声学和电磁学等多种工程技术和学科，是一门多学科的综合技术。MEMS 是尺寸在几毫米乃至更小的传感器装置，其内部结构一般在微米甚至纳米量级，是一个独立的智能系统。主要由传感器、作动器（执行器）和微能源三大部分组成，可被应用于结构的振动频率检测（图 2-38、图 2-39）。

MEMS 由传感器、信息处理单元、执行器和通信/接口单元等组成。其输入是物理信号，通过传感器转换为电信号，经过信号处理（模拟的和/或数字的）后，由执行器与外界作用。每一个微系统可以采用数字或模拟信号（电、光、磁等物理量）与其他微系统进行通信。MEMS 的制作主要基于两大技术：IC 技术和微机械加工技术，其中 IC 技术主要用于制作 MEMS 中的信号处理和控制系统，与传统的 IC 技术差别不大，而微机械加工

图 2-38 微电子陀螺仪　　　　　　图 2-39 微电子加速度传感器

技术则主要包括体微机械加工技术、表面微机械加工技术、LIGA 技术、准 LIGA 技术、晶片键合技术和微机械组装技术等。

硅微加速度传感器是继微压力传感器之后第二个进入市场的微机械传感器。其主要类型有压阻式、电容式、力平衡式和谐振式。其中最具有吸引力的是力平衡加速度计，其典型产品是 Kuehnel 等人在 1994 年报道的 AGXL50 型，其结构包括 4 个部分：质量块、检测电容、力平衡执行器和信号处理电路，集成制作在 3mm×3mm 的硅片上，其中机械部分采用表面微机械工艺制作，电路部分采用 BiCMOSIC 技术制作。随后 Zimmermann 等人报道了利用 SIMOXSOI 芯片制作的类似结构，Chan 等人报道了测量范围在 5g 和 1g 的改进型力平衡式加速度传感器。这种传感器在汽车的防撞气袋控制等领域有广泛的用途，成本在 15 美元以下。

国内在微加速度传感器的研制方面也做了大量的工作，如西安电子科技大学研制的压阻式微加速度传感器和清华大学微电子所开发的谐振式微加速度传感器。后者采用电阻热激励、压阻电桥检测的方式，其敏感结构为高度对称的 4 角支撑质量块形式，在质量块 4 边与支撑框架之间制作了 4 个谐振梁用于信号检测。

随着微机电系统技术、无线通信和数字电子技术的快速发展，设计和开发低成本、低功耗、多功能、体积小且可进行短距离无线通信的传感器节点已成可能。这些已具备感知、数据处理和通信功能的微小传感器功能正在增强，已经应用于桥梁、建筑和隧道试点（图 2-40）。

图 2-40 伦敦某隧道各微电子传感器布置

2.2.6 数字图像技术

1. 概述

数字图像技术包括两方面,数字照相和图像处理。数字照相是指自然光线经过透镜系统到图像传感器(CCD/CMOS)上,图像传感器将光信号转变为数字信号记录并保存在相机中的过程。图像处理,是利用计算机对数码相机所获得的图像进行处理并提取所需信息的过程。本节重点介绍图像处理在土木工程领域的应用。

数字照相量测的基本原理是数字图像相关法。利用图像相关分析,在满足图像相关性基本要求的试验照片序列中,首先在首张图像上设置量测像素点,然后在照片序列间对设置的量测像素点的位置进行追踪,经过坐标变换,根据照片之间相应的坐标变化进行微小位移计算和迭加,并利用相关方法进行应变计算,最后得到待测物体的变形量等相关信息。

相比于一些传统变形量测方法,数字照相量测技术具有非接触、光路简单、全场测量等优点,有其独特的优越性,已逐渐成为一项应用广泛的测试新技术。

2. 图像识别原理

数字图像的成像过程是把真实世界的影像记录在 CCD 的平面上,该过程可以用小孔成像模型来描述。真实世界中的一个点 $P(x, y, z)$ 的光线进入照相机呈现出二维图像 $P(r, c)$,这是一个典型的坐标变换的问题,即三维图像投影成二维图像的一个过程。其成像流程为:世界坐标系——相机坐标系——成像的平面坐标系——镜头畸变——图像坐标系(图 2-41)。

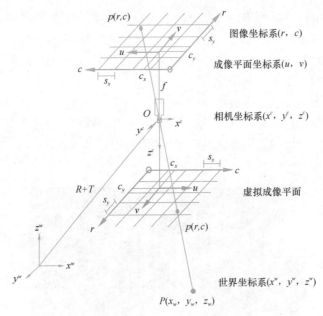

图 2-41 坐标变换

世界坐标系通过小孔变换到相机坐标系,再投影到成像平面坐标系,此时的图像属于理论上的图像,因为镜头的鱼眼效应,因此存在一定的误差。成像平面坐标系经过镜头畸变，成为图像坐标系，得到我们最终看见的图像，这里面实际上经过了一系列的坐标变换（图 2-42）。

在成像流程中，有两个很重要的参数：外参和内参。相机的外参，就是所谓的相机姿态，是相机在世界坐标系所处的位置以及相机的空间三个方向。相机的内参则包括相机主距、主点位置、镜头径向畸变参数、横纵向比例系数、像宽、像高等多个参数。当外参和内参全部确定，世界坐标系的点可通过数学公式（变换矩阵）转变为图像坐标系。

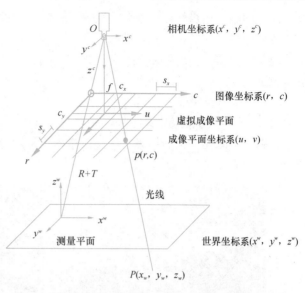

图 2-42　相机坐标系与世界坐标系转换

3. 图像识别在基坑工程中的应用

在基坑施工的过程中，采用应力计、应变计、侧斜仪等可实现应力、应变、位移的自动化监测。施工工况也是基坑施工的重要信息，包括基坑支撑位置和开挖深度等。若能实现施工工况的自动化监测，就能够实现基坑施工过程的全面自动化监控和安全分析。利用数字照相技术采集基坑支撑位置与开挖深度，是近年来发展的一种基坑施工工况采集新技术（图 2-43），以下简要介绍其基本原理。

图 2-43　基坑工程实例

（1）内参与外参的确定

数码相机的外参和内参必须同时已知的情况下才能进行坐标变换。然而，相机一般不标注内参，并且该参数经常在变化。对于数字照相技术来说，可通过相机标定的方法来解决定这一问题。相机标定可利用 Halcon 软件专用的标定板，标定板尺寸为 40cm。变换标定板的位置、朝向、距离，拍摄 15～20 张图像，将图像输入 Halcon 软件中可计算得到相机内参标定结果。需要注意的是，标定后的相机一般需要锁定焦距，不再改变视野的大小，否则焦距改变后相机还需再次标定。

（2）镜头畸变的矫正

图 2-44 中的两张照片看似完全一样，但其中存在一些差别。左边照片因为存在镜头畸变，有一点向外扩张的趋势，这是由于摄像机的镜头有凸透镜的效果，因而会出现镜头畸变。

图 2-44　矫正前（左）与矫正后（右）对比

由于中间区域成像和边缘区域成像存在近似的线性关系，因此镜头畸变一般通过线性函数予以矫正，其中线性函数的参数可以通过相机标定得到。

（3）基坑开挖深度测量

数字图像是将三维世界坐标投影变换到二维图像平面坐标上，相机成像过程中，只要是一条光线上所有的点均成像在这个平面上。因此图像中的点与实际世界中的点存在一对多的问题，从基坑的数字图像中测量开挖深度需要解决一对多的问题。

这个问题可用测量平面解决，如图 2-42 所示。确定一个测量平面，就可得到该平面上的点与像素点之间的一一对应关系。因此，在基坑开挖深度图像测量方法中，要想把一张照片还原到三维坐标，应首先指定一个测量平面。例如，可选择基坑的竖向开挖侧壁作为测量平面，识别出墙壁上土层开挖处的像素点后，即可确定基坑的开挖深度。

（4）基坑支撑的识别

在基坑图像识别中，对于支撑的识别可采用颜色分量法。基坑支撑的种类一般分为两种，钢管支撑和钢筋混凝土支撑。对于钢管支撑，施工单位一般涂有蓝色或者红色的保护漆，钢筋混凝土支撑表面呈灰白色，因此施工完毕的支撑和未施工的支撑在图像上有明显区别。基坑在施工之前，可以根据绘制出的三维图纸，摄像头位置确定以后，预先算出支撑在图像中的区域位置，拍照后在相应位置判断该颜色是否是基坑支撑的颜色即可。在具体实施的过程当中，可能存在着各种各样的干扰因素，例如光线问题、下雨问题以及支撑遮挡问题等对结果均有一定的影响。

图像识别的方法理论简单，具有测量误差小，效果好的优点（图 2-45）。在运用图像识别的方法时，只要调用相应的数字图像处理函数即可实现，操作简单便捷。

图 2-45　基坑支撑识别成果

4. 图像识别在道路工程中的应用

道路边界与中心线的识别是汽车道路检测行驶中的重要组成部分，对道路边界正确识别，可以保证汽车在相对安全的范围内行驶，下面介绍基于逆透视变换的道路检测技术。计算机对于道路信息的采集实时性和自适应性有很高的要求。实时性是指系统采集与处理数据必须与汽车行驶并发进行，自适应性是指对于汽车采集回来的图像处理算法必须在不同的道路环境（例如普通公路、高速公路等道路），不同的路面环境（例如车道边缘与中心线的颜色、宽度、长度等因素），不同的天气情况（例如雨、雪等环境）下均有良好的适应性。鉴于以往的研究及存在的问题，发展出了一种基于逆透视变换的道路检测技术来检测道路边缘与中心线。根据汽车摄像机标定的参数与逆透视变换对车道进行逆透视投影重建，将二维图像坐标系重建为三维世界坐标系，通过对三维世界坐标系的坐标变换进而提取道路边缘与道路中心，并同时模糊周边环境，进而加快提取速度，同时提高提取精度。

首先，在 MATLAB 中需要对采集输入的图像进行中值滤波处理，如图 2-46 所示。对图像进行灰度处理，如图 2-47 所示。然后利用 Sobel 算子进行边缘增强与边缘检测。最后，利用自适应阈值法将图像进行二值化分割，如图 2-48 所示。由于动态阈值法只处理图像的近端，因此该预处理方法可以很好地适应不同条件的变化。

进行逆透视变换法可以对利用 Sobel 算子处理图像中的环境因子进行模糊化处理，去除图像采集过程中的透视效果。先进行从摄像机世界坐标到二维图像坐标系的变换。再根

图 2-46　滤波后的道路图像

图 2-47　灰度处理后的道路图像

图 2-48　利用 Sobel 算子处理的图像

据二维平面坐标平面上点的形态特征，可以根据一定的线性比例关系将其映射到图像上，得到的图像即为逆透视变换后的图像。

汽车在一般道路行驶过程中，摄像机一般处于车的前端部分，其与道路的相对位置如图 2-49 所示。图 2-49 中 α 为摄像机的俯仰角，L 为安装高度。摄像机世界坐标（x，y，z）到二维图像坐标系（X，Y）的变换公式，如式（2-1）、式（2-2）所示：

$$x = \frac{\lambda L (X - X_o)}{\mu \left[(v - v_o) \sin\alpha + \lambda\cos\alpha \right]} \tag{2-1}$$

$$y = -\frac{L(v - v_o)}{(v - v_o)\sin\alpha\cos\alpha + \lambda\cos^2\alpha} \tag{2-2}$$

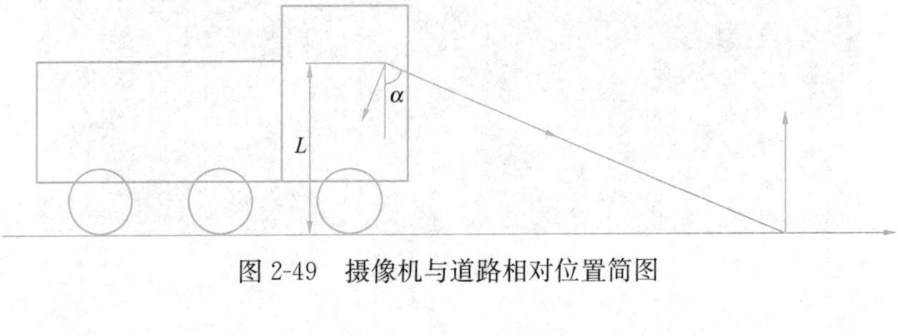

图 2-49　摄像机与道路相对位置简图

根据此变换后公式，对图 2-48 所示的直道进行逆透视变换，处理后的图像如图 2-50 所示。随后取一段复合道路，如图 2-51 所示。对其先进行预处理，再利用逆透视变换进行检测和处理，结果如图 2-52 所示。

图 2-50　逆透视变换后的道路图像

图 2-51　复合道路

对图 2-48 和图 2-50 分析可知：经过逆透视变换后，处理后的图像比原来仅仅利用 Sobel 算子提取的图像周边环境变得模糊，为近端中心线和边缘的提取创造了有利条件，加快了提取的速度，同时提高了提取的准确性。

对图 2-51 和图 2-52 分析可知：经过逆透视变换之后周边环境被模糊化处理，摄像机可以很好地适应道路环境，进而快速且准确地提取边缘和中心线。

图 2-52 处理后的复合道路

2.2.7 倾斜摄影技术

1. 概述

无人机倾斜摄影测量是测绘遥感领域近年发展起来的新技术，通过在同一飞行平台（如无人机）上搭载多台传感器同时从 1 个垂直、4 个倾斜角度采集影像，获取地面物体更为完整准确的信息（图 2-53）。垂直地面角度拍摄获取的影像称为正片（一组影像），镜头朝向与地面呈一定夹角拍摄获取的影像称为斜片（四组影像）。传统的竖直摄影只能获取地物顶部信息，对于地物侧面信息则无法获得；倾斜影像能让用户从多个角度观察被制作建筑，更加真实地反映地物的实际情况，极大地弥补了基于正射影像分析应用的不足。

图 2-53 无人机倾斜摄影测量

2. 倾斜摄影模型

倾斜摄影获取的影像应经过专门的加工处理，通过专用软件可以生成倾斜摄影模型。其过程如下：影像图——点云提取——三角网格计算——生成倾斜摄影模型，如图2-54～图 2-57 所示。

图 2-54　倾斜摄影—影像图

图 2-55　点云提取

图 2-56　三角网格计算

图 2-57　倾斜摄影模型生成

3. 技术特点

传统三维建模软件通常使用 3ds Max、AutoCAD 等建模软件，基于影像数据、CAD 平面图或者拍摄图片估算建筑物轮廓与高度等信息进行人工建模。这种方式制作出的模型数据外观表达美观，局部细节变形率低，但精度较低，纹理与实际效果偏差较大，并且生产过程需要大量的人工参与，制作周期较长。倾斜摄影测量能够快速地重建建筑物三维的表面信息，因此可大大地提高工作效率。

倾斜摄影技术通过高效的数据采集设备及专业的数据处理流程生成的数据成果直观反映了地物的外观、位置、高度等属性，为真实效果和测绘级精度提供保证，并且有效提升了模型的生产效率。采用人工建模方式一两年才能完成的一个中小城市建模工作，通过倾斜摄影建模方式只需要 3~5 个月时间即可完成，大大降低了三维模型数据采集的经济代价和时间代价。

4. 应用实例

某消防综合训练基地改造工程运用了倾斜摄影测量技术，结合 BIM 模型，统计该改造工程中的相关工程量，图 2-58 为该工程案例拍摄图。该工程具有以下三个特点：

（1）工程量较大，包含 16 类、24 个单体设施对象，以及各类细部构件；

（2）项目周期较短，两周内完成模型建立及工程量统计；

（3）对数据的准确度要求高，需按照现场实际尺寸建立模型。

图 2-58   工程案例拍摄图

　　按照设计图纸等资料进行工程量统计已不能满足需求，必须借助三维扫描、倾斜摄影等快速建模手段，结合人工测量，利用 BIM 建立三维模型，快速、准确地得到工程量统计数据。该工程项目的实现过程分为现场数据采集，BIM 模型建模，工程量统计。本工程采取无人机航拍的方式，拍摄 800 张照片，生成倾斜摄影模型。对于一些精度要求较高的模型，运用了三维激光扫描技术将其精细化，再结合 BIM 人工建模，最终合成为一个整体效果模型，如图 2-59～图 2-62 所示。

图 2-59   三维激光扫描点云（左）与生成模型（右）

图 2-60 倾斜摄影图像（左）与生成模型（右）

图 2-61 实际化工装置（左）与 BIM 模型（右）

图 2-62 集成后最终成果

2.2.8　激　光　测　距　技　术

激光的英文名称是 Laser，取自英文 Light Amplification by Stimulated Emission of Radiation 的各单词的头一个字母组成的缩写词。意思是"受激辐射的光放大"。由于激光在亮度、方向性、单色性以及相干性等方面都有不俗的特点，它一出现就吸引了众多科学工作者的目光，并被迅速地被应用在工业生产方面、国防军工方面、房地产业、各级科研机构、工程等各个行业各个领域。

激光与普通光源所发出的光相比，有显著的区别，形成差别的主要原因在于激光是利用受激辐射原理和激光腔滤波效应。而这些本质性的成因使激光具有一些独特的特点：

（1）激光的亮度高。固体激光器的亮度更可高达 $1011W/cm^2 Sr$，这是因为激光虽然功率有限，但是由于光束极小，于是具有极高的功率密度，所以激光的亮度一般都大于我们所见所有光（包括可见光中的强者：太阳光），这也是激光可用于星际测量的根本原因。

（2）激光的单色性好。这是因为激光的光谱频率组成单一。

（3）激光的方向性好。激光具有非常小的光束发散角，经过长距离的飞行以后仍然能够保持直线传输。

（4）激光的相干性好。受激辐射产生的光子的频率、相位、偏振方向都相同。

在测距领域，激光的作用不容忽视。实际上，激光测距是激光应用最早的领域（1960年产生，1962 年即被应用于地球与月球间距离的测量）。测量的精确度和分辨率高、抗干扰能力强、体积小同时重量轻的激光测距仪受到了市场的青睐，并且起着日益重要的作用。

1. 相位法激光测距技术原理

当今市场上主流的激光测距仪是基于相位法的激光测距仪。这是因为基于相位法的激光测距仪轻易地就可以克服超声波测距的一大缺陷：误差过大，使测量精度达到毫米级别。而基于此法的激光测距仪主要的缺点在于电路复杂、作用距离较短（100m 左右，经过众多科学工作者的努力，现在也有作用距离在几百米的相位法激光测距仪）。

相位法激光测距技术，是采用无线电波段频率的激光，进行幅度调制并将正弦调制光往返测距仪与目标物间距离所产生的相位差测定，根据调制光的波长和频率，换算出激光飞行时间，再依次计算出待测距离。该方法一般需要在待测物处放置反射镜，将激光原路反射回激光测距仪，由接收模块的鉴波器进行接收处理。也就是说，该方法是一种有合作目标要求的被动式激光测距技术。

2. 脉冲法激光测距技术原理

相位法与超声波测速测距所用方法相类似，最大测量距离通常为几百米，能较容易达到毫米的数量级，但是按照该方法设计的测距仪的最大测量距离是受到限制的，不可扩展。而脉冲法激光测距一般采用红外激光，包括近红外激光和中红外激光，该波段激光有可见和非可见之分，且基于此技术的测距仪对相干性要求低、速度快、实现结构简单、峰值输出功率高、重复频率高且范围大。

非常简单地，我们把对距离的测量转变为对时间差的测量，所以，在脉冲式激光测距中，需要测量的只是发射与接收激光的时间间隔、受环境因素影响的大气折射率、环境参数及激光的传播速度。这就是脉冲式测距的理论原理。

在土木工程中，我们可以利用激光测距技术实现对结构表面特征的 3D 激光扫面，如图 2-63 所示的钢结构表面锈蚀形态扫描。

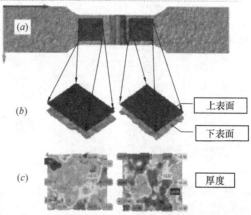

图 2-63 结构表面特征的 3D 激光扫面技术

2.2.9 三维激光扫描技术

1. 概述

激光扫描技术是 20 世纪 90 年代中期开始出现的一项新技术（图 2-64），它的原理是激光测距。通过高速激光扫描测量的方法，可以大面积且高分辨率地快速获取被测物体表面大量点的三维坐标、反射率和纹理等信息，进而复建出被测目标的三维模型，以及线、面、体等各种图件数据。通过激光扫描，可以快速、大量地采集空间点位信息，为快速建立物体的三维影像模型提供了一种全新的三维重构技术手段。

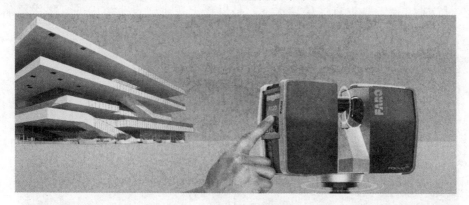

图 2-64 一种三维激光扫描仪

传统测量的方式是利用全站仪进行逐点测量，测点数目较少，测量效率较低。激光扫描则是以线代替点进行扫描的一种逐面测量方法，能够在短时间内获取大量的数据点信息。由于三维激光扫描系统可以密集地大量获取目标对象的数据点，因此相对于传统的单点测量，三维激光扫描技术也被称为从单点测量进化到面测量的革命性技术突破（图 2-65）。

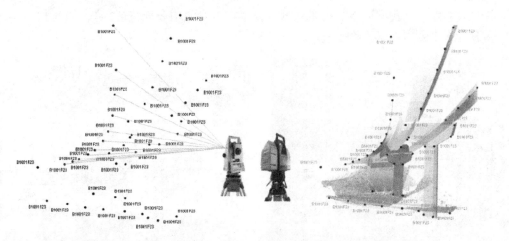

图 2-65　传统测量方式与激光扫描

激光扫描技术的特点包括：偏置距离和测量范围较大；采集点密度大，测量准确度高；测量速度快，节约时间，劳动强度降低；抗干扰性好，可在昏暗条件测量。三维激光扫描仪具有以下优势：使用简单，快速扫描，安全操作，应用范围广泛；与 CCD 传感器照相机结合，可附加激光强度、色彩等测量信息；精确高速的数据捕获，减少数据采集和分析的回转次数；对扫描区域进行的长程、高速扫描，可使效率最大化；一次扫描后可以在点云模型上进行反复的"模型测绘"。

2. 应用实例

"深坑酒店"位于上海松江国家风景区佘山脚下，原址是一座废弃采石场，经过几十年的采石，形成一个周长千米、深百米的深坑。世茂集团充分利用了深坑的自然环境，极富想象力地建造了一座酒店。酒店高度约 70m，共 19 层，分为坑外和坑内两部分，坑外为 3 层，坑内 16 层，其中有 2 层在水下，是世界上首个建设于坑内的五星级酒店（图 2-66）。

图 2-66　采石场深坑与深坑酒店

由于深坑酒店所处地理位置独特，传统的全站仪难以在岩壁与湖面布置测点，标志点不易设置，测距也较长，因此用传统的测量仪器很难进行三维测量。而采用三维激光扫描的技术，能够方便快捷地测出深坑酒店结构与周围地形的大量点的坐标。

利用 Leica P30 超高速三维激光扫描仪，分两次进行采集，分别扫描了玻璃栈道位置、深坑全部地形。玻璃栈道位置共分为 3 个测站，采集用时 1 天，数据处理拼接用时 3 天。深坑整体地形的采集共分为 11 个测站，对深坑整体地形进行了点云数据、各测站全景图像的采集，采集时长 3 天，内业数据处理拼接用时 4 天。最终，通过布置 14 个测站，得到 14G 的点云数据。根据点云数据绘制的三维全景图片如图 2-67 所示。

图 2-67　深坑酒店三维扫描全景图片

2.3　土木工程信息集成采集装备

2.3.1　桥梁检测车

桥梁检测车不仅可以在桥梁损坏时进行快速修复，保证桥梁长期使用过程中的安全可靠，还可以铺设桥梁底部的电力、通信电缆等设施，同时也有定期维护和检修的功能。

1. 桥梁检测车发展现状

桥梁检测车（或称桥梁检测维修车，Bridge-inspection Vehicle）实际上是一种可以为桥梁检测人员在检测过程中提供作业平台的专用汽车，装备有桥梁检测仪器和工作台，用于流动检测和维修作业。作业平台装备在汽车底盘上，可以随时移动位置，能安全、快速、高效地让作业人员进入作业位置进行流动检测或维修作业。

桥梁检测车由二类汽车底盘和上部工作装置两部分组成，根据上部工作装置结构形式的不同可分为折叠臂式和桁架式两种。

（1）折叠臂式桥梁检测车也叫吊篮式桥梁检测车（图 2-68），其结构小巧，受桥梁结构制约少，工作灵活，既可检测桥下也可升起检测桥梁上部结构，可有线、无线操作，灵活方便，有时候还可以作为高空作业车使用，价格相对桁架式桥检车低。

其基本结构充分体现了折叠臂式随车起重运输车、高空作业车的特点。一般是采用一级伸缩、二级回转、三级变幅机构，形成三维空间、多个自由度的空间运动体系，可以安全、快捷地将工作人员和设备送到桥下幅度允许的任意位置。在桥下为点阵式检测，作业平台是装在臂架顶端的一个吊斗,作业面积较小,只可容纳一名人员作业,载重一般只有一人,另外在工作过程中检测和维修人员不能自由地上下桥,只有将吊篮收回到车上后才能实现,检测过程中作业幅度小,检测过程中还需要经常移动和旋转吊篮,作业效率相对较低。

(2)桁架式桥梁检测车(图 2-68)采用通道式工作平台,稳定性好、承载能力大,使用时检测人员能方便地从桥面进入平台或返回桥面,如配置升降机(或脚手架)则可大大增加桥下垂直作业范围。桁架式桥梁检测车结构比较复杂,价值昂贵但工作稳定,能够实现连续不间断作业,所提供的是一个相对较大的作业面,检测范围广、承载能力强、作业效率高。

图 2-68　折叠臂式桥梁检测车(左)和桁架式桥梁检测车(右)

整车具有减振系统和平衡稳定系统,检测过程中可实现整车行驶,装备有多套操作控制系统,可实现桥下和桥上的独立操纵,并配有安全保护系统及报警装置、通信系统等。整车配有备用动力源,可以在主动力系统发生故障时将工作平台收回。

桁架式桥梁检测车按使用形式又可分为两种:车载式和拖挂式。车载式桥梁检测车的专用工作装置安装在汽车底盘上,加装了控制系统与二类汽车底盘构成一体;拖挂式桥梁检测车则需由卡车或汽车拖动行驶。

2. 国外桥梁检测车设备

桥梁检测车最早出现在欧美,用于桥梁流动检测或维修作业,是适用于特大型公路桥、城市高架桥、铁路桥、公铁两用桥的预防性检查作业的专用车辆,为操作者在检测时提供安全保障。桥梁检测车技术含量高,涉及机械、液压、电子、雷达等先进技术。现在的装备技术均采用电子液压控制,并配置有应急装置、稳定装置、遥控装置及发电设备。

(1)意大利百灵(BRAIN)公司

意大利 BRAIN 公司自 20 世纪 60 年代开始生产桥梁检测车。桥梁检测车主要有 AB 系列的折叠式桥梁检测车和 ABC 系列的桁架式桥梁检测车。其 ABC 系列桁架式桥梁检测车最大水平工作范围 6～23m,最大桥梁深度 4～9.5m,最大承载能力 300～800kg,最大跨越宽度 1.7～4.65m,最大跨越护栏高度 2.0～5.4m。

其 AB 系列折叠式桥梁检测车检测能力为桥下最大水平距离 6.5～22m,桥下最大垂直距离 10～25.5m，吊篮最大荷载 200～300kg。

（2）德国摩根（MOOG）公司

德国 MOOG 公司自 1980 年开始生产桥梁检测车，主要有 MBI 和 MBL 系列产品。其 MBI 系列桁架式桥梁检测车最大水平工作范围 4.5～21.0m，最大下桥深度 3.7～11.0m，最大承载能力 300～1000kg，最大跨越宽度 1.2～4.2m，最大跨越护栏高度 2.0～5.5m；其 MBL 系列吊篮式检测车桥下最大水平距离 12～16m，桥下最大垂直距离 15～19.5m，桥上最大垂直距离 14～12m，吊篮最大荷载 280kg。

（3）美国赛奔驰（Aspen Aperials）公司

美国赛奔驰（Aspen Aperials）公司只生产折叠臂式桥梁检测车，其桥下最大水平距离 9.42～22.86m，桥下最大垂直距离 12.1～22.02m。检测车有 2 个旋转支点，一个安装在可旋转 270°的底盘平台（T-1）上，另一个安装在第 1 节吊杆的末端（T-2）。检测桥面结构时，T-2 可作 360°旋转，在桥下工作时，T-2 可作 150°～240°旋转。第 3 节工作臂（吊杆）具有液压延伸功能，能沿主梁移动。第 4 节工作臂（吊杆）可垂直于第 3 节工作臂，方便检测梁与梁之间的位置及相关部分。

（4）美国凯捷（HYDRA）公司

美国凯捷有限公司（Hydra Platforms MFC，Inc）创建于 1985 年，专门从事研发和制造桁架式桥梁检测车。

凯捷公司生产的桁架式桥梁检测车有车载式（自行式）和拖挂式（图 2-69），拖挂式桥梁检测车可以安装在卡车和拖车上，有 HP32 和 HP35 两种，工作平台长度为 9.7～10.6m。配备自推进和转向系统，独立的辅助液压备用系统，装有两套舷外液压稳定器。车载式桥梁检测车有 5 种，HPT66、HPT60、HPT55、HPT52 和 HPT43，工作平台长度为 13～18.5m。主液力系统采用柴油发电机（HPT60 为 20kW，其余为 30kW）与液压泵，辅助液力备用系统采用卡车发动机取力器，HPT52 和 HPT43 装有四个舷内液压稳定器，尾部两个稳定器可改装舷外液压拖链驱动装置，HPT55、HPT60、HPT66 尾部装了两个舷外液压拖链驱动装置，前部安装舷内液压稳定器。

图 2-69　Hydra 拖挂式桥梁检测车（左）和 Hydra 车载式桥梁检测车（右）

（5）美国利楚（REACHALL）公司

美国 REACHALL 公司生产折叠臂式桥梁检测车，其生产的 UB 系列桥梁检测车，桥下吊篮最大水平伸长 13.2～18.6m，最大下桥深度 15.8～21.3m，最大承载质量 171kg，吊篮向上最大举升高度（距离桥面）10.7～14.4m。

（6）奥地利 PALFINGER 公司

奥地利 PALFINGER 公司生产的 PA19000 型折叠臂式检测车，桥下吊篮最大水平伸长16.2m，最大下桥深度14m，最大承载质量280kg，吊篮向上最大举升高度（距离桥面）24.5m。

3. 国内桥梁检测车设备

近年来，国内一些大型工程机械广场开始从事桥梁检测车的研制，主要有徐工集团、湖南宝龙和湖南恒润高科，其产品和性能均能达到国外设备的标准。

（1）徐工集团

1997年由徐工集团液压气动机械公司、西安公路交通大学与河南省公路局联合成功研制出折叠臂式桥梁检测车，吸收和借鉴了国外先进技术，采用载货汽车底盘，工作平台额定载质量250kg，桥下水平作业范围0～10m，桥下垂直作业范围1～12m，桥上垂直作业范围0～8m。

目前徐工集团随车起重机有限公司自主研制了折叠臂式系列桥梁检测车（图2-70）。

图 2-70   徐工折叠臂式桥梁检测车

2006年底，徐工集团成功研制出18m桁架式桥梁检测车，标志着徐工跻身于全球四大桥梁检测车生产领域，与意大利 BRAIN、德国 MOOG、美国凯捷公司并驾齐驱，进入桥梁检测车系列化的快车道。目前该集团已经形成9～22m桁架式系列产品。

（2）湖南宝龙

湖南宝龙专用汽车有限公司于2006年3月首次成功研制出桁架式桥梁检测车，2007年开发出13m和16m作业平台的桁架式桥梁检测车。为满足国内公路桥梁建设发展的需要，作业平台长为18m的桁架式桥梁检测作业车正在研制当中。

（3）湖南恒润高科有限公司

湖南恒润高科有限公司于2009年2月根据市场行情和发展需要，参照德国 MOOG 桥梁检测车进行合理的改进，在吸取国内外桥梁检测车经验的基础上研制推出了16m桁架式桥梁检测车（图2-71）。

图 2-71   湖南恒润桥梁检测车

2.3.2　隧道检测车

1. 隧道断面形变检测系统

基于激光测距技术对隧道断面形变进行检测是一种非接触式和高精度的检测技术，在传统隧道测量技术的基础上，与激光测距技术、PLC 控制技术、计算机通信技术结合，利用车载激光测距仪对隧道内壁各断面进行连续的测量，获得激光发射点与断面检测点之间的距离，通过无线通信向站级数据处理系统传递测量数据，由系统分析隧道形变状态并及时预警。

（1）总体方案

检测系统原理图如图 2-72 所示。

检测车沿着地铁隧道的轨道渐进行驶，在检测车上装有 PLC，控制激光测距仪对隧道断面进行连续的旋转测量，所测得的数据先存入检测车上的 PLC 中，待检测区段行驶完后，激光测距仪停止测量，PLC 中的数据通过无线通信的方式传输至站级数据处理系统。结合检测车的纵向定位系统，也就是在隧道检测车底安装光电编码器，来确定隧道内每一测量断

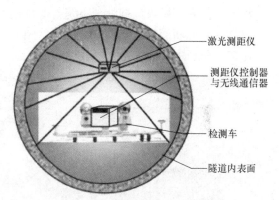

图 2-72　隧道断面检测系统原理图

面的位置，即该断面距测量起始位置的精确距离。数据处理主要是对所测得的数据进行隧道断面的轮廓拟合，根据隧道断面上有限个点的位置坐标，便能通过曲线拟合得到隧道截面的轮廓，经过与原始设计轮廓的比较，得到隧道断面的形变情况，从而对可能发生的灾害及时预警。

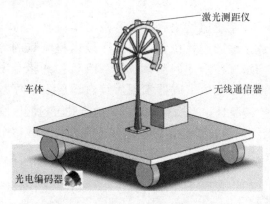

图 2-73　车载式激光测距装置模型图

（2）检测系统的组成

车载式激光测距装置模型如图 2-73 所示。该装置主要分为 3 个部分：隧道断面激光测距装置、检测车纵向移动定位装置和无线数据通信装置。系统主要由激光测距仪、倾角传感器、高精度旋转台、光电编码器、PLC 控制器和无线通信器组成。其中，将激光测距仪、倾角传感器和高精度旋转台结合起来，形成一个可以高速测距、测角、可旋转的激光测距系统。系统以 PLC 为控制器，由激光测距系统对隧道断面轮廓以离散的多点方式进行测量，同时结合安装于隧道检测车底测距轮上的光电编码器，获得检测车沿隧道轴线方向上起始位置和行驶位置间的固定位移量，触发程序，将检测到的在隧道内特定位置的数据经过无线通信器传输至上位机，并由站级数据处理系统进行分析处理，从而获得隧道检测断面的轮廓拟合。

（3）隧道断面测量

激光测距仪将激光源调制成频率为 f 的交变光，该交变光经隧道内壁的检测点反射后由测距仪的光电探测器接收。

激光测距仪安装于检测车上，测得的数据经动态基准测量系统的振动补偿后，可获得断面检测点与安装结构中心点的距离，隧道断面的距离检测原理如图 2-74 所示。以钢轨平面中点为原点，根据激光的测距和测角原理，即可算出对应点的坐标。

隧道断面的形变检测，主要通过比较由检测点拟合（最小二乘法）得出的隧道断面轮廓和原始设计轮廓，判断出断面是否发生形变。

在检测的过程中，将每个检测断面的所有检测点 (x, y) 坐标存入 PLC 的内存中，之后将数据传入到站级数据处理系统，系统调用相应的软件根据每个断面上所有检测点的坐标值将各检测断面轮廓分别拟合出来（图 2-75），将这些断面轮廓与原始的设计轮廓尺寸相比较，分析隧道断面是否已发生形变或有无发生形变的趋势。除此之外，系统结合检测车沿隧道轴线方向的位移数据，进一步可以获得隧道检测区间三维空间轮廓的拟合。

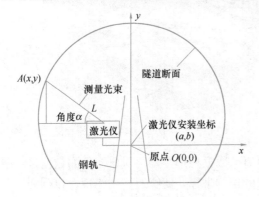

图 2-74　隧道断面测距原理图

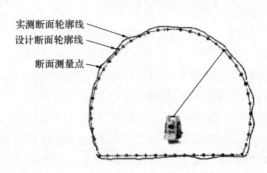

图 2-75　断面拟合轮廓与设计轮廓的比较

图 2-76　系统工作流程图

（4）系统工作流程

系统初始化后，隧道检测车行驶至待检测区段的起始位置，根据区段内检测点的分布情况校准起始测量位置。PLC 检测指令发出后（光电编码器实现后续自动触发程序），启动激光测距仪，对隧道内壁的检测点开始连续测量。当检测车渐进式地行驶至检测区段末端位置时，存在 PLC 中的所有数据通过无线通信传输至站级数据处理系统，至此整个检测过程结束。系统工作流程图如图 2-76 所示。

（5）试验精度分析

该仪器在实验室进行断面的模拟检测如图 2-77 所示。

由于该隧道断面形变监测系统完全为自主研发、设计和制造，所以在使用之前需要对其进行多种测量校正。通过对设备结构、特性、测量方法等进行分析，误差来源主要有以下几种：

① 设备的测距误差：该误差为所采用的激光测距仪产生的误差。该测距仪是一种光学仪器，它的操作会受到环境条件的影响，例如温度、大气压等，其测距误差为 ±2mm。

② 设备的测角误差：由倾角传感器和高精度旋转台共同产生。倾角传感器的分辨率

图 2-77　车载式激光测距系统及测距实验

为 0.01°，精度小于 0.01°。高精度电控旋转台的分辨率为 0.00125°，重复定位精度小于 0.005°，隧道半径按 2.8m 计算，测角所引起的误差为 0.4887mm。

③ 设备的对中误差：该误差为激光测距仪与旋转台安装所引起的激光光路与旋转中心不重合所产生的误差。设备所引起的误差为 0.2mm。

④ 设备中心的测量误差：该误差为测量对中误差过程中产生的偶然误差，经过多次测量计算，其中误差降低到 0.2mm。

⑤ 轨道面所产生的定位误差：由于轨道表面的不平整性，将会导致测量系统测量数据的变动，且所有数据将会统一以轨道面建立一个相对坐标系，其误差为 1.0mm。

由以上分析可知，该方法测量的理论中误差为 ±2.733mm。按照地铁隧道结构监测的要求，所提出的方案中设备需要的精度要求在 3mm 以内。因此，该方法可以满足地铁隧道结构变形监测的精度要求。

2. 限界检测车

(1) 限界测量的方法及发展趋势

目前隧道限界的测量方法可分为两种：接触式和非接触式。

接触式测量是较早期的手段，借助探针（触手）和量角器。测量系统可以得到一个断面上有限点的准确数据。数据的记录方式可以人工记录也可以采用光学编码或电位器记录。接触式的优点是费用低，使用简单，在静态测量时精度很高，可达 ±0.5mm。但工作量大，需要较多的人工干预，测量的速度很慢，而且无法测量断面上的每一个点，不适合动态测量。

最简单的非接触测量与应用探针量角器测量原理相近，用电磁测距系统测量距离，用经纬仪测量角度。这样，角度的精度可达 1″，距离测量的误差为 ±10mm，这种方式的优点是数据采集和处理可现场进行，精度较高，但需要现场采集较高密度测量点时，比较费时。另一种简单的方法采用类似光学测速的原理，在测量范围内可达 1：500～1：10000

的精度，这种方法简单实用，但在有限的精度范围内，工作量大。与此类似，还有一些仪器使用激光器和光学读数的三角测量，最大的缺点就是需要较多的人力，费时费力。现在，使用较多的非接触测量方法是摄像测量。摄像测量也是采用三角形测量原理，通过摄取断面的图像而获得大量的信息，由此也就提取出高精度的测量结果，但同时数据的处理量很大。摄像测量一般可分为两种：模拟记录方式和数字记录方式。其中，数字记录方式一般采用CCD图像传感器进行视频测量，通过图像采集直接获取数字化数据，利用计算机处理，可在精度、速度和工作量方面取得比较满意的效果。

在未来的应用中，高速度、高精度测量是隧道限界检测技术发展的主要方向。而且实现这一目标的技术条件也越来越成熟。随着CCD传感技术、视频压缩技术、图像处理等技术的高速发展，计算机视频测量技术将会得到长足的发展与应用。

（2）限界检测车设计的基本思路

沈阳铁路局开展了隧道限界检测车的开发与测试。在大量研究国内外的各种测量方法的基础上，结合国内运输的特点，系统采用了"电视摄像法"这个测量方案，具体的实施方法：以激光作为检测基准光源，利用CCD图像传感器作为测量元件。应用三角形测量原理测量隧道断面轮廓尺寸。整体测量设备安装在普通22B型客车车体上，组成非接触式隧道断面尺寸测量车。

对隧道限界的检测可以看作是对三维净空的测量。而三维净空的测量又可分解为二维净空测量和一维距离测量，针对隧道限界检测车而言，一维距离测量是图像定位系统所解决的问题，二维净空测量是指测量隧道横断面轮廓，是测量系统所需要解决的问题。

（3）检测车检测的基本原理

限界检测车在检测过程中，主要利用了电视摄影法与三角测量原理。

电视摄像测量法就是像电视录像一样对隧道断面进行摄像，用面阵的CCD图像传感器制作的工业摄像机摄录激光器照射到隧道壁上所产生的光带，通过视频数据采集系统处理，输入计算机，计算机计算出隧道径向断面轮廓尺寸。同时图像定位系统记录被测量断面的相应位置，从而测量出隧道的限界尺寸，并指出超限处所。电视摄像法之所以能够作为一种动态测量的手段，其原理在于测量同画面中物体与物体之间的相对尺寸。对隧道断面测量而言就是测量隧道断面轮廓距离两钢轨中心的相对尺寸。摄像机摄取的每一幅画面是将隧道断面轮廓连同钢轨同时摄取的。摄像时列车在钢轨上运动，摄像镜头位置也随列车运动而变化。但是镜头位置变化只是造成被摄物体在画面中位置的变化，而画面中物体与物体之间的相对位置不会改变。本系统就是应用这个原理动态测量隧道洞壁的每一点距离线路中心线的距离。隧道限界随列车行进检测，测得的隧道断面是有间隔的，而不是连续的。CCD摄像机以每秒25幅的速度进行拍摄，也就相当于将隧道切割成若干个断面，列车行驶的速度越快，切割断面间隔越大。因此，列车行驶的速度越慢测量的效果也就越精确。

三角形测量原理用于测量隧道断面的尺寸。激光照射平面、隧道洞壁和CCD摄像机镜头构成三角形关系，如图2-78所示。CCD相机光路成像如图2-79所示。投光平面与CCD相机镜头轴线两者之间的垂直距离为物距，用"L"表示，投光平面与隧道洞壁相交取一点为A，镜头轴线与投光平面交点为B。F、F'为透镜的焦点，A'为A点在CCD光敏面上所成的像。三角形$\triangle ABC$与三角形$\triangle A'B'C'$相似，则$X/L = X'/L'$，由于L、L'为定值，所以 X' 可通过 A' 点在 CCD 光敏面上的位置坐标求得，则 X 的值可由公式：$X=L/L'*X'$ 求出，即可求得光带的几何尺寸。

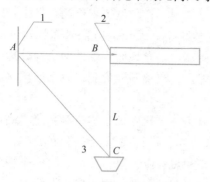

图 2-78 设备对应位置关系

1—隧道壁；2—激光器；3—摄像机

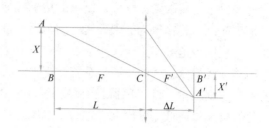

图 2-79 三角形测量原理

（4）检测车的系统组成

根据系统所基于的"电视摄像法"原理，整个隧道检测车系统可以分为三个部分：录像采集部分、标定生成部分、数据处理部分。

录像采集部分主要功能是当列车驶入隧道后，采集隧道断面信息，在将隧道断面视频信息保存到硬盘的同时，将隧道断面位置信息同步保存，使之成为可以进一步处理的信息。这一部分的特点是实时性强，与硬件关系紧密。根据录像采集部分功能要求，隧道检测车需要的硬件包括：车体、CCD 摄像机、激光器组、走行定位、红外开关、视频采集卡、工控主机等。

标定生成部分主要功能是通过实验和计算，确定摄像机参数。摄像机参数是指摄像机摄入图像中的每一点的位置与空间物体表面相应点几何位置的关系。标定可采用真值表法，将测量范围空间的真实值与图像中像素点的对应关系以查找表的形式予以保存，被测点通过查找表得到实际坐标值。摄像机标定是隧道检测车测量系统调试过程中最重要的环节，标定过程中的偏差将直接影响最后隧道限界的测量精度。

数据处理部分主要完成将各个相机采集到的数据进行处理，形成一个完整的隧道断面，并根据隧道所有断面生成最小限界，将最小限界的空间坐标值及其对应位置信息保存，同时生成可供 CAD 调用接口。

（5）检测车的硬件组成

隧道限界检测车的硬件设备主要由两部分组成：光学成像系统和里程定位系统（图 2-80）。光学成像系统主要包括：激光器组、CCD 摄像机、视频采集卡。里程定位系统主要包括：红外传感器与转速传感器。

图 2-80 硬件流程图

光学成像系统利用摄像机成像。由于 CCD 摄像机镜头边缘的误差较大，为防止隧道断面图像恰好落在镜头的边缘出现较大的镜头畸变，该系统采用多台 CCD 摄像机摄取隧道断面轮廓线。利用多台摄像机镜头中部的图像拼接成整个隧道轮廓线，能够减少镜头畸变带来的误差。

里程定位系统可采用红外线距离传感器，该传感器对工作环境要求不高，抗干扰能力强，而且价格便宜。红外线距离传感器安装在激光构件上，发出的电信号先经过光耦隔离，再经过施密特触发器整形，以提高抗干扰能力。然后，车体同一端的两个经处理的电信号进入或门，若输出为低则表明检测车已经进入隧道。当离开隧道洞口时，或门输出端变为高，利用该信号停止这次测量。

随着现代检测技术的发展，系统选用霍尔式速度传感器来对列车进行高精度、高可靠性的实时速度测量。该传感器具有结构简单、工作可靠、设计灵活、应用范围广、抗污染、免维修和价格低廉等优点。它的基本原理是对车轮旋转脉冲进行计数，将两个霍尔式速度传感器分别安装在车辆两个转向架的车轮轴头端，车轮每转一周，发生器输出一定数量的脉冲信号，对传感器输出的信号计数，测出脉冲的频率即可求得列车行进速度。将速度传感器安装在检测车从动轮轮轴上，可减少空转、打滑现象，提高相应的测量精度。

（6）软件构成

隧道检测车的软件由三部分组成：图像采集模块、标定生成模块、数据处理模块。

图像采集模块的主要原理是，当隧道检测车启动后，激光器组开始工作，当隧道检测车进入隧道时，激光器组会在隧道断面打出一条光亮的隧道断面带，由红外开关触发，摄像机也开始工作进行录像，将采集到的视频通过通用视频采集卡保存到计算机中，形成一个隧道断面的文件，计算机继续采集下一帧断面信息。同时，当检测到隧道检测车进入隧道洞口时，就开始利用单片机系统实时地、精确地测量速度以及距洞口的距离、每一图像采集的时刻。这样就可以测得进入洞口的精确距离，可以和事先存贮的隧道断面的限界标准进行比较，当发现所测的隧道断面有侵入限界部分时，可以精确定位，以便隧道维修（图 2-81）。

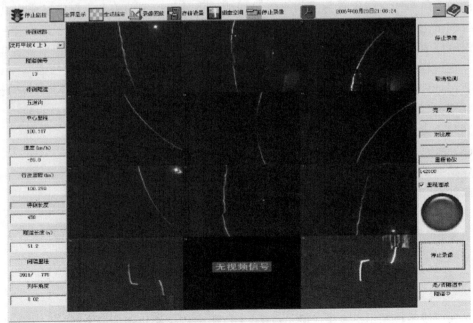

图 2-81 图像采集界面

标定生成模块的目的是在本系统中将图像中的像素点转换为空间中的点。在标定文档中按一定的格式存放图像中的像素点与空间中的点的对应关系，通过查表确定图像中任意一点在空间中的位置。标定文档是通过处理标定板模型图像得到的。标定板模型是用槽钢将 CCD 摄像机测量范围仿照隧道形状做成钢架，在钢架上铺满木板。在木板表面铺上平整的白纸，白纸上整齐准确地打印直径 15mm 的圆，圆心相距 40mm，如图 2-82 所示。打印标定纸时确保每个圆的位置尺寸精确定位。

数据处理模块包括初始化、图像处理、图像拼接和限界生成。

① 图像处理

由 CCD 摄像机采集的视频文件以视频流的方式储存在计算机中，首先要将连续的视频流分解为一个个的单帧图像，每一帧对应隧道相应位置上某段隧道壁的情况。若摄像机为黑白摄像机，摄录图像为黑白图像，需要根据其 RGB 值转化为 RGB 灰度图，即 R＝G＝B，有利于简化计算过程。

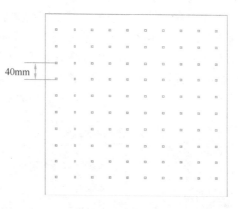

图 2-82 标定模型

在转换后的 RGB 灰度图中，激光器组照射在隧道壁上形成一个亮带，其形状即为隧道的轮廓，表示隧道的空间形状，因此需要对图像中的隧道轮廓进行提取。采用阈值法对图像进行分割，采用基于子图像划分的目标提取方法，将图像分为相同子图像，根据子图像自身特征使用最大类间方差法计算图像阈值，对得到的子图阈值进行等间距插值处理，使用插值后的新阈值进行图像分割，并对提取的目标区域采用最小二乘法提取轮廓特征（图 2-83）。

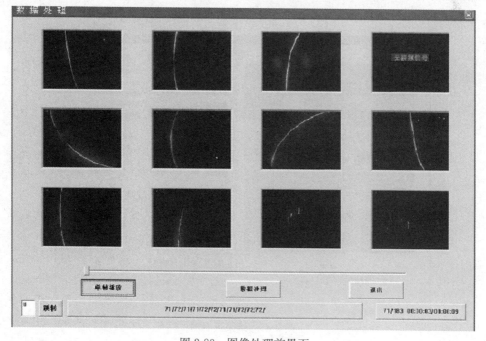

图 2-83 图像处理前界面

本系统将图像划分为一系列的子图，在每个子图中采用最大类间方差法确定阈值。这时如果直接用每一个子图像的阈值对原图像进行二值化，当目标区域被分在不同的子块中时，分割结果的块状效应很大。为了克服这一缺点，保持子图像之间阈值的平滑性，需要对阈值矩阵进行插值处理，得到对原图中每个像素进行分割所需的合理阈值。

隧道轮廓提取的图像，由于可能存在杂光的干扰，不能作为图像最终的处理结果。为了提高精度，还是要对图像使用空穴检出等方法进行去除噪声处理。去除噪声处理完成后的图片中存在一条白色的光带，即为隧道壁上的激光带。为确定白色光带中与激光带对应的点，需要采用图像拟合的方法对图像中的白色光带进行细化，将图像中白色光带上的点作为参考点，用最小二乘法进行拟合。为了提高拟合的精度，按图像特征将图像分为若干区域，分别对各个区域分段进行拟合，将分段拟合所得曲线上的点作为激光带上的真值点（图 2-84）。

图 2-84   图像处理流程图

② 图像拼接和限界生成

图像处理后的各摄像机采集图像的真值点分别与相应的标定文档进行对应，按照标定模块中提及的计算方法，将真值点在图片中的位置转换到以两钢轨表面连线为 X 轴，钢轨面内侧距的平分垂直线为 Y 轴的平面坐标系统中来，即得到隧道断面的轮廓图。同时对照此帧的录像文本记录信息，得到此隧道断面在隧道中所在的位置。最后将结果保存记录在文本文档中。

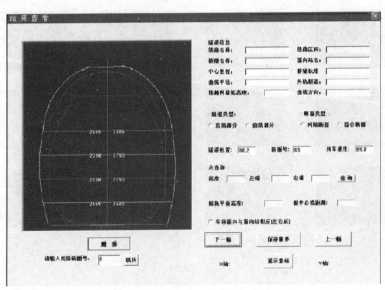

图 2-85   结果查看图

将整个隧道的所有断面轮廓图在相同区域打开，对照在空间坐标系内的真实值，每隔一段距离在相同高度查找离中心线最近的左右两点，也就生成最小限界（图 2-85）。同时将结果保存到 Excel 文件中。

（7）误差分析

测量精度：隧道检测车的测量精度是一项重要指标，系统要求的测量误差为 ±20mm。因此隧道检测车各系统的设计都是围绕这一核心指标进行的，从 CCD 的分辨能力到计算机标定、采集、处理环节都以该项指标为准绳。系统设计的精度为 ±16mm，实际测量与人工对比测量的误差小于 ±20mm。

图像定位误差：隧道检测车记录的被测断面位置误差为 ±1m。实际隧道检测车图像定位装置采用了霍尔式转速计，当隧道长度为 5000m，以平均速度 70km/h 的速度运行时，累计定位最大误差为 0.72m。

检测断面间距：本系统设计的检测断面间距采用定时法，即每秒固定测量 25 幅断面。当运行速度低时，测量间距小，运行速度高时，测量间距大。

测量速度限制：不大于 120km/h。

工作环境温度：−20～+50℃。

可联挂时速小于 120km/h 的旅客列车的任意位置进行检测。

3. 瑞士安伯格公司 GRP 5000 隧道测量系统

GRP5000 设备包括车体部分、电源部分、激光扫描仪和便携式电脑。其中车体部分装有三个传感器，分别是里程计、倾斜仪和轨距测量传感器，与车体相连的部分为电源，电源上方为激光扫描仪（图 2-86）。

该设备所用激光扫描仪为平面扫描仪，可记录扫描点二维坐标，若配合全站仪，可以得到扫描点的三维坐标，其数据可以导入 TMS Office 软件测量平台数据。由于该扫描仪车体部分较重和电源的限制，该仪器目前还不具备自动前进的功能，需要靠人工推动前进。便携式电脑采用 Windows 系统，和普通电脑在软件方面没有区别，只是在硬件（外壳保护）上更加坚固，适合在工程环境中使用。

4. 列车轨道检测

对于列车轨道的检测，主要采用轨检仪采集信息，BJGS-1 激光断面、轨距、接触网综合检测仪如图 2-87 所示。

图 2-86　GRP5000 扫描设备

图 2-87　BJGS-1 激光断面、轨距、接触网综合检测仪

该检测仪主要用于检测已铺轨隧道限界、轨道相对隧道位置、轨宽等数据,由检测主机、轨道小车、后处理软件、外接电源盒等部分组成。掌上电脑可以实现现场数据处理功能。技术指标如表 2-1 所示。

轨检仪技术指标　　　　　　　　　　　　　　　　表 2-1

内容	指标
检测距离	0.2~100m
分辨率	≤2mm
接触网导高测量精度	行进±20mm;静止优于±5mm
轨距测量精度	优于±0.5mm
轨道小车自动定位误差	≤±1mm
限界测量精度	≤3mm
量程测量精度	优于 1‰
连续工作时间	6h 以上
使用环境	±40℃
数据储存量	>3000 组
现场显示	轨宽、轨中心相对隧道两端距离、限界等数据

该轨检仪具有以下特点:现场检测只需小车和主机即可,携带及操作方便;符合现场条件,具有防潮、抗烟尘、电池供电等特点;检测精度高,速度快,检测一个断面仅须1~2min;测量数据自动记录,存储空间大;无须交流供电,使用充电电池供电,携带方便;后处理软件功能强大,操作简便,全中文界面。

2.3.3　道路检测车

目前,国内外在公路路面性能指标快速检测方面的技术已经非常成熟,综合检测产品有澳大利亚 ARRB 公司的 Hawkeye 系列、加拿大 Fugro Roadware 公司的 ARAN 系列、美国 PSI 公司的 Path Runner 以及国内武大卓越的 RTM、中公高科的 Ci CS 等。而对于近几年发展起来的快速弯沉检测技术,成熟的产品有武大卓越的 LDD、丹麦 Greenwood 的 TSD,二者都采用了基于路面变形速度的测量原理,能满足在 20~90km/h 范围内连续弯沉测量,如图 2-88 所示。

图 2-88　激光动态弯沉测量系统和道路综合检测系统

2007 年以前,国内使用的道路综合检测产品主要是以进口的 Hawkeye、ARAN 为主，快速弯沉测量产品国际上在 2005 年就已经有 TSD 原型，经测试与 FWD 有非常高的数据相关性，并已经在意大利、波兰、南非等国家以及我国香港地区得到实验性的应用。自 2007 年以后，国内快速检测产品开始大范围使用，经统计，武大卓越的 RTM 系统产品在国内有近 60 台套投入使用，占据国内 60％以上的市场。其平整度测量基于惯性测量基准，采用线性分段技术处理数据，是支持变速测量的产品；车辙测量采用线结构光方法，横断面分辨率为 1mm，纵断面采样间距为 5～10cm；路面损坏检测采用双激光器结合双相机，并提供自动病害图像分类软件，准确率达到 90％以上。2009 年，武大卓越激光动态弯沉测量系统（LDD）正式开始在国内推广，截止到 2014 年在新疆、云南、吉林、湖南、广西、深圳、湖北等省市地区得到了广泛应用。

2.4　北斗测量技术在土木工程中的应用

2.4.1　北斗卫星导航系统介绍

北斗卫星导航系统（BeiDou Navigation Satellite System，BDS，以下简称北斗系统）是中国自行研制的全球卫星导航系统，是继美国全球定位系统（GPS）、俄罗斯格洛纳斯卫星导航系统（GLONASS）之后第三个成熟的卫星导航系统。2000 年年底，建成北斗一号系统，向中国提供服务；2012 年年底，建成北斗二号系统，向亚太地区提供服务；2018 年年底，北斗三号基本系统完成建设，向全球提供服务。计划于 2020 年前后，完成 30 颗卫星发射组网，全面建成北斗三号系统。

北斗系统是中国着眼于国家安全和经济社会发展需要自主建设、独立运行，与世界其他卫星导航系统兼容共用的全球卫星导航系统，是为全球用户提供全天候、全天时、高精度的定位、导航和授时服务的国家重要空间基础设施。该系统由空间段、地面段和用户段三部分组成，空间段由若干地球静止轨道卫星、倾斜地球同步轨道卫星和中圆地球轨道卫星三种轨道卫星组成混合导航星座；地面段包括主控站、时间同步/注入站和监测站等若干地面站；用户段包括北斗兼容其他卫星导航系统的芯片、模块、天线等基础产品，以及终端产品、应用系统与应用服务等。北斗系统创新融合了导航与通信能力，具有实时导航、快速定位、精确授时、位置报告和短报文通信服务五大功能（图 2-89）。

随着北斗系统建设和服务能力的发展，北斗相关产品已广泛应用于交通运输、海事搜救、海洋渔业、气象水文、测绘地理信息、森林防火、通信时统、救灾减灾、民政、公安等领域，发挥重要经济社会效益，逐步渗透到人类社会生产和人们生活的方方面面，为全球经济和社会发展注入新的活力。

目前，北斗已形成完整产业链，北斗在国家安全和重点领域标配化的使用，在大众消费领域规模化的应用，正在催生"北斗＋"融合应用新模式。北斗还在城镇供热、电力电网、供水排水、智慧交通等民生领域实现跨界融合，从根本上提升了城市运行管理信息化能力，为智慧城市基础设施建设和管理带来技术创新和突破。

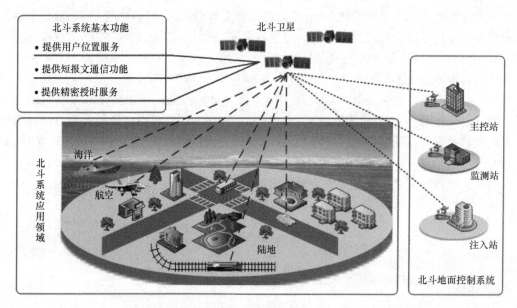

图 2-89   北斗系统应用图

2.4.2   应用于土木工程中的北斗测量技术

作为一种全新的、极具潜力的空间定位、观测技术，北斗高精度测量技术在土木工程建设中得到了越来越广泛的应用。北斗技术常被应用于城市建筑、公路边坡、桥梁健康和地质沉降监测等领域，因其具有不受通视条件限制、选点灵活、实时监测、高自动化等特点，可以根据监测需要，将监测点布设在对变形较敏感的特征点上，相对于传统人工定期检测，具有更高的定位精度、更快的应急反应速度、更强的自动化程度和实时的观测能力。

1. 遥感 InSAR 技术

合成孔径雷达干涉（Synthetic Aperture Radar Interferometry，InSAR）是新近发展起来的空间对地观测技术，是传统的 SAR 遥感技术与射电天文干涉技术相结合的产物。它利用雷达向目标区域发射微波，然后接收目标反射的回波，得到同一目标区域成像的 SAR 复图像对，若复图像对之间存在相干条件，SAR 复图像对共轭相乘可以得到干涉图，根据干涉图的相位值，得出两次成像中微波的路程差，从而计算出目标地区的地形、地貌以及表面的微小变化，可用于数字高程模型建立、地壳形变探测等。

InSAR 技术的具体实现方法有多种，在工程级测量中，一般采用永久散射体（permanent scatterers，PS）方法，其思想是：采集 $N+1$ 幅 SAR 图像，选取其中一幅为主影像，然后将其与剩余 N 幅影像做比较，计算相位差，结合雷达卫星的位置、天线参数，得到卫星视线向的前后两次地表高程差，即形变结果。由于雷达卫星观测面积广泛，可为数百平方公里的区域制作形变专题图，因而，InSAR 不仅适用于大范围地普查、定位风险桥梁，同时也可以用于监测城市建筑、地质变化等领域，辅助交通设施管理部门制定更加合理的交通设施养护方案。

如图 2-90 所示为 2013~2015 年北京市地势形变监测结果，图中深色部分表示沉降严重的区域，相对较浅颜色表示相对稳定的区域。通过对北京市交通设施及周边区域的沉降监测，可以分析出交通设施建设所经区域的沉降尺度，找出沉降漏斗区域，并根据形变趋势及变化程度，对交通设施安全状况进行评估，从而辅助交通设施管理部门制定合理的养护方案。

当利用 InSAR 技术确定了需重点关注的目标后，如果仍利用遥感进行检测，由于 SAR 卫星的拍摄频率最快数天一次，所以在时效性上存在局限。此外，InSAR 测量的是目标的沉降，也即垂直位移的情况，难以测量水平位移。如果需要对目标进行全方位实时监测，可以配合使用北斗

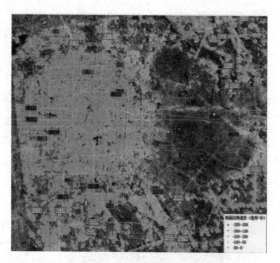

图 2-90　北京市 InSAR 形变监测专题图

RTK（Real time Kinematic，实时动态控制系统），高精度、动态地测量平面坐标与高程的变化。

2. 北斗 RTK 技术

北斗 RTK（Real-time kinematic，实时动态）载波相位差分技术，是实时处理两个测量站载波相位观测量的差分方法，该技术的关键在于使用了北斗的载波相位观测量，并利用了参考站和移动站之间观测误差的空间相关性，通过差分的方式除去移动站观测数据中的大部分误差，从而实现高精度定位。

由于北斗具有短报文通信功能，在回传测量结果时，无需向其他传感器那样专门铺设通信传输网，因而即使在无网络信号覆盖的偏远地区也可以正常使用，这是其他导航卫星无法比拟的优势。此外，北斗是我国自主研发的卫星定位系统，出于国家安全考虑，重要基础设施的监测和运营商都须尽量国产化。目前，我国对于北斗 RTK 技术的运用已越来越成熟，应用范围也越来越广。

3. 北斗 CORS 系统

除了 RTK，北斗连续运行参考站网（Continuously Operating Reference Stations，CORS）在土木工程建设中的应用也十分广泛。CORS 是利用多基站网络 RTK 技术建立的，由若干个固定的、连续运行的北斗参考站，利用现代计算机、数据通信和互联网技术组成的网站，实时地向不同类型、不同需求、不同层次的用户自动地提供北斗卫星观测值，如载波相位、伪距、各种改正数、状态信息，以及其他有关北斗服务项目的系统。

北斗 CORS 可对地质沉降、建筑形变进行高效监测，该方法利用 CORS 连续运行卫星定位参考站技术，采用双差解算模式，在优化载波相位差分数据处理方法的基础上，同时处理基准站和监测站载波相位等数据，得到精确的监测点相对于基准点的形变量，达到形变监测的目的。

基于 CORS 网络误差改正与模糊度实时解算的北斗 CORS 地质沉降监测参数估计方程如下：

$$\lambda\Delta\nabla\,\varphi_{\mathrm{ru}}^{ij} + \lambda\Delta\nabla\,N_{\mathrm{ru}}^{ij} - \Delta\nabla\,\rho_{\mathrm{ru}}^{ij} = \Delta\nabla\,\delta\rho_{\mathrm{ru}}^{ij} + \Delta\nabla\,M_{\mathrm{ru}}^{ij} + \Delta\nabla\,\varepsilon_{\mathrm{ru}}^{ij} \tag{2-3}$$

其中，λ 为载波相位波长；φ 为载波相位观测值；N 为整周模糊度；ρ 为站星间几何距离；M 为多路径效应误差；ε 为接收机噪声；i、j 为卫星标号；r、u 分别为虚拟参考站所对应的主参考站以及移动站标号。

$\delta\rho = -I + T + O$，为 CORS 网络误差模型改正值，包含载波相位观测值所对应的综合距离相关误差。其中，I 为电离层延迟，T 为对流层延迟误差，O 为卫星轨道误差。

由于新方法是利用 CORS 网络误差改正模型确定改正参数 $\Delta\nabla\delta\rho_{ru}^{ij}$，其不仅适用于 1km 以内的短基线，且可有效减弱 1 km 以上中距离定位中基线距离相关误差 $\Delta\nabla\delta\rho_{ru}^{ij}$ 影响，即使是中长距离基线也可采用这一公式所描述的基线解算模型进行处理和模糊度固定。该方法的实时误差改正模型由电离层 NLIM 线性内插模型、对流层全球先验模型改正、轨道误差精密星历改正三种误差改正模型组成，采用该方法进行多站融合解算可以得到各监测站相对于基准站精确三维位置的变化值，从而进行精密地质沉降形变监测。

地质沉降监测要求定位精度很高，一般选用双频（B1、B2）高精度北斗卫星接收机，双频高精度北斗卫星接收机可以同时接收 B1、B2 载波的信号，利用两频率对电离层延迟影响的不同，可消除电离层对电磁波延迟的影响。对于所有的北斗卫星观测数据而言，电离层的误差都是固有的，结合两个频率的卫星观测信息，建立模型可以有效消除这种误差。高精度北斗卫星接收机不仅可以输出伪距等信息，还可以输出高精度定位解算需要的载波相位等数据，很适合建筑、桥梁等形变监测和地质沉降监测等高精度测量。

2.4.3　未　来　展　望

北斗产业是国家战略性新兴产业，其发展前景十分广阔。北斗与互联网、大数据、人工智能等新技术的融合发展，正在构建以北斗时空信息为主要内容的新兴产业生态链，并正在成为北斗产业快速发展的新引擎和助推器，推动着生产生活方式的变革和商业模式的不断创新。未来"北斗＋5G"有机融合有望成为高精度、高可靠、高安全的新一代信息时空体系，提供"高精度定位、高精度时间、高清晰图像"能力，支撑智慧城市等新型产业快速发展。

习　　题

1. 信息呈现的形式有哪些？请分别举例说明。
2. 土木工程信息采集中，无损检测和有损检测的优缺点是什么？分别举例说明。
3. 简述物联网的发展趋势及未来，结合理解，如何应用于土木工程的信息采集。
4. 除了教材中的数字图像技术在土木工程中的应用案例外，请拓展其他方面的应用。
5. 请思考目前在土木工程的信息采集过程中，遇到的主要问题是什么？

第3章 土木工程信息处理

3.1 概 述

　　土木工程涉及的数据面十分广泛，包括规划、建设、国土、勘察、测绘等多个行业和部门。根据数据来源的不同，可以分为地理数据、工程地质数据、水文地质数据、周边建筑物数据、管线数据、地下建（构）筑物数据等。根据工程所处的阶段，可以划分为勘察数据、设计数据、施工数据、监测数据、运营维护数据等。在不同的信息标准框架下，数据种类的划分方法不尽相同。例如，在 GIS 中，数据分为空间特征数据、时间特征数据、属性数据；在 BIM 中，将数据分为几何数据、属性数据、关系数据。土木工程数据来源广、种类多且繁杂，对其进行合理的分类是进行信息处理和研究信息模型的基础性工作。

　　信息处理是指在数据采集之后，按照一定的标准和规范进行去伪存真、由表及里的处理加工过程，也是在原始数据的基础上，提取出价值含量高、方便用户利用的信息的活动过程。由于传感器的工作环境和布设位置等原因，采集的大部分信号量微弱，容易掺杂与结构工作性能及损伤状态无关的噪声，需要对数据进行处理。多源异构数据是指由土木工程在不同阶段，采用不同的采集技术、软件、数据格式和管理方式所形成的各式各样数据。广义上多源数据指数据来源、格式、时空、尺度、语义性等几个层次的多源性，狭义上多源数据是指数据格式的多样性。通过技术手段对多源异构数据进行降噪、分类、关联和融合，能够实现多源异构数据综合应用。工程多源异构信息处理是土木工程信息化的重要技术，只有解决了工程多源数据的处理和融合问题，传统工程才能成功地向信息化工程发展。

　　数据标准化是信息处理的一个重要环节。例如，来自不同监测单位的监测数据如果编码方式、数据格式和数据单位不统一，很容易造成数据理解上的错误，并会给监测数据的处理带来困难，难以实现监测数据的有效利用，因此要对数据进行标准化处理。数据标准化是对数据定义、组织、监督和保护进行标准化的过程，其反义词即为数据随性化。随性化的数据处理困难，利用率低下且极易丢失，无法共享。因此，数据标准化是信息化、数字化的基础。数据标准化包括数据编码标准化（规定数据编码方式）和数据格式标准化（规定数据交换格式）。

3.2 元数据与数据标准化

3.2.1 元 数 据

　　元数据（Metadata）是描述数据的数据，它说明数据内容、质量、状况和其他有关特征的背景信息。元数据是能够有效地管理和维护空间数据、建立数据文档的基础，它具有多种作用，例如提供有关数据生产单位数据存储、数据分类、数据内容、数据质量、数据交换网络及数据销售等方面的信息，便于用户查询检索地理空间数据；帮助用户了解数据，就数据是否能满足其需求做出正确的判断；提供有关信息，以便用户处理和转换有用的数据。例如，将一幅建筑结构图放入电子地图中，如果缺少比例尺、坐标系等关键的元数据信息，那么很难将建筑结构图与电子地图的叠加。元数据应用的场景包括：查询、浏览、检索数据；数据获取、质量保证、再加工；系统间转换数据；存储、建立数据档案。

元数据的分类多种多样，其中广泛使用的是数字图书馆方向的 METS 标准，METS 标准将元数据分为以下三类：

（1）描述元数据：用于发现和标识数据项的元数据。例如：标识、题名、摘要、作者、关键词等。

（2）结构元数据：用于记录包含数据的文件位置、结构及其相互关系的元数据。例如：章、节、段等。

（3）管理元数据：记录数据项管理信息的元数据，包括存储、格式、溯源及访问权限信息的元数据。例如：权限、来源、日期、范围。

为了使计算机能够理解并进行操作，元数据必须存在于一个元数据体系之中。元数据体系要规定元数据的三个方面：语义、描述规则和语法。

（1）语义是指元数据元素本身的意义。一个元数据体系通常要对每一条元数据的元素给予命名和解释。元数据体系还要指出每个元素是否必选、可选或有条件选择，以及是否可重复，这些都是元数据语义的范围。

（2）描述规则是对元素赋值方法的规定，即指描述元素时所采用的标准、最佳实践（Best Practices）或自定义的描述要求，例如日期元素采用 ISO 8601 标准等。

（3）语法规定了元素怎样以机器可读的方式给予编码。特定的语法格式除了规定数据怎样在计算机系统中存储外，更重要的是，可以提供一种不同系统间元数据交换、重用的通用格式。因此，元数据体系的语法也可以称为交换格式、通信格式或传输语法。

元数据的差别会引起检索的困难，元数据的差异越大，检索方面存在的问题就越多。主要包括以下几个方面：

（1）语义差别。在不同的元数据体系间，没有绝对的对应关系。有时是元数据语义不同，有时则根本没有可对应的元数据。如 GILS 中的作者（Author）元数据，对应 DC 和 VRA 中的 Creator，但后者的意义更宽泛。而 MARC 中的作者项就规定得更加具体了。EAD 中有作者元数据项，但却是用来记录 EAD 本身的作者，而不是 EAD 所描述的资源集合的作者。

（2）使用中的差别。不同的组织有不同的描述习惯。图书馆、档案馆或博物馆的元数据，即使是最基本的元素都不相同。如图书馆员一般要给定一个题名元素，或者为没有题名的作品补上一题目，而博物馆的馆长，则更喜欢把三维的人工物品删掉标题，改用主题来描述。档案描述则与书目描述完全不同，在档案检索工具中，没有作者的概念，个人、公司及家庭姓名都会出现在其他相关的地方。

（3）描述方法的差别。即使元素定义完全相同，如果描述规则不同，数据也会以不同形式记录。例如，一种元数据记录对作者的描述是"Public，John Q"，而另一种是"Public，J. Q."，那么关键词检索"John Public"时，就仅能查到第一种记录。智能检索界面能够改善一些共同的差异，给用户一个其他表达形式的提示。

（4）词汇的差别。当用户希望从不同主题领域或类型的机构检索元数据时，词汇不相容是一个共同的问题。如图书馆索引用"Red fox"，而自然历史博物馆使用的专业的科学命名"Vulpes vulpes"（红狐的拉丁语学名）。

元数据的重要性在 GIS 领域得到广泛认可，其主要内容已得到明确的规定，包括以下五个方面：

（1）对数据集的描述，如对数据集中各数据项、数据来源、数据所有者及数据生产历史等的说明；

（2）对数据质量的描述，如数据精度、数据的逻辑一致性、数据完整性、分辨率、元数据的比例尺等；

（3）对信息处理的说明，如量纲的转换等；

（4）对数据转换方法的描述；

（5）对数据库的更新、集成等的说明。

在土木工程领域，工程技术人员往往认为误差在 5% 范围之内都可以满足工程要求，因此工程领域人员中对元数据缺乏深刻认识。例如，在地勘报告中许多数据缺失，取样方式等信息不明确等，对于有限元计算的参数取值带来很大的问题。因此，元数据急需得到重视，相关标准需要尽快建立。

3.2.2 数据标准化

1. 概述

土木工程的各参与方一般通过使用各种应用软件开展工作，并将从应用软件获得的数据作为成果加以保存，然后传递给相关方，但由于各应用软件采用自有的数据格式，这就给相关方的数据交换带来了困难。

解决这个问题的有效途径是确立数据标准，即规定标准数据格式，并使各应用软件支持该数据标准，这样一来，支持该数据标准的应用软件之间就可以方便地进行数据交换。因此，土木工程数据标准化是一项基础性的工作，土木工程数据标准化包括以下几个方面。

（1）元数据标准化

元数据按照从产生记录到交换运用的时性特点可分为：数据产生（采集）信息、数据质量信息、数据描述信息、数据解释信息等。元数据组成了信息系统数据库的基本构架——数据库电子目录，即为了达到编制目录的目的，必须描述数据的内容和特点，记录数据存储位置、历史数据、资源查找、文件记录的渠道等，从而便于海量数据存储、索引、分区索引等。定义元数据标准即制定统一的数据库基本构架，可以方便管理员有效管理和维护基本数据，同时促进用户更加快捷、全面地发现、访问、获取和使用共享数据。

（2）原始数据与全过程数据标准化

原始数据指通过勘探、实验等技术手段直接得到的数据。结果数据是采用一定的方法对原始数据进行分析得到的数据，是导出数据。对于同一个原始数据，不同的人、不同的方法可能会得到不同的结果数据。显而易见，数据共享过程中，原始数据比结果数据可信度更高。以岩土工程土工试验数据为例，全过程数据包括试样或地点数据、试验设备、实验方法和过程、分析方法与结果，如图 3-1 所示。原始数据、全过程数据的记录和相关标准的制定给检查结果数据、数据有效再利用提供了条件，也可以在很大程度上避免数据造

图 3-1   土工试验全过程数据

假，使得数据可以在审核后直接运用，减少重复试验、测量和勘探的过程。

（3）数据结构化与 XML 交互

结构化数据是指可以存储在固定域中的数据。结构化数据可以很方便地用二维表（如 Excel 表、Access 数据表）来表达，可以得到高效的利用。办公文档、全文文本、图片、各类报表、图像和音频/视频等都不是结构化的数据。信息化平台一般都需要通过网络实现数据交互，如数据录入、查询、发布和共享等。XML 是一种可扩展标识语言，由 XML 描述的数据可通过不同的格式化手段（如 XSLT 和 CSS 等）转换成最终的表达形式，例如生成对应的 HTML、PDF 或者其他文件格式。XML 现已被广泛运用于多种数据标准的表达和交互，如国际地理信息联盟提出基于 XML 的地理标记语言 GML、数字城市标记语言 CityGML，美国联邦公路管理局提出基于 XML 的岩土工程数据交换标准 DIGGSML 等。土木工程各专业领域的数据标准可借鉴 GML、CityGML 的经验，结合实际情况展开，有望在不远的将来可进行地表、地层和地下建（构）筑物的描述以及工程全寿命数据的采集储存和分析处理。

2. 通用数据标准

（1）GIS 标准体系

GIS 标准体系由众多标准组成，例如，ISO 191xx 系列标准定义了空间坐标系、几何与拓扑数据、元数据框架和拓展属性数据，由国际标准化组织 ISO（International Organization for Standardization）发布；GML 标准是一种基于 XML 的地理要素描述语言标准，用以在不同的软件或系统间交换空间数据，属于 ISO 191xx 系列标准，由 ISO 和开放地理空间信息联盟 OGC（Open Geospatial Consortium）共同发布。

（2）CityGML 标准

基于 GML，国际地理信息联盟于 2008 年正式发布了用于描述三维数字城市的数据标准 CityGML。CityGML 是 GML 的一个用于城市三维对象的应用标准，包括了图形和几何信息，也包括模型以及模型之间的语义和拓扑信息。CityGML 标准能够用于可视化，也能够用于专题查询、分析以及空间数据挖掘。

（3）IFC 标准

Industry Foundation Classes（工业基础类），简称 IFC 标准，由 building SMART International（bSI）制订（前身是国际数据互用联盟 IAI，International Alliance of Interoperability）。IFC 是开放的建筑产品数据表达与交换的国际标准，支持建筑物全生命周期的数据交换与共享，在横向上支持各应用系统之间的数据交换，在纵向上解决建筑物全生命周期的数据管理。2013 年 4 月，IFC 标准正式通过了国际标准化组织的认证，标准编号为 ISO 16739—2013。IFC 标准对建筑信息的表达运用了面向对象（Object-Oriented）的设计思想，以实体（Entity）数据类型作为对现实描述的最小信息单元。目前被业界认可的 IFC 2x3 版本中包含了 600 多个实例实体，300 多个抽象实体。

3. 建筑信息模型数据标准

针对建筑信息模型（BIM）数据标准，国内外已形成了一定的标准体系。

（1）国外 BIM 标准

国外已有的 BIM 标准，主要包括信息分类标准、信息存储与交换标准、应用实施标准。其中，信息分类与编码标准主要包括 MasterFormat 分类体系、UniFormat Ⅱ 分类体系 OmniClass 分类编码体系和 ISO 分类编码体系；信息存储与交换标准包括 IFC 工业基础类、IDM 信息交付手册、IFD 国际数据字典框架；应用实施标准包括国家实施性标准、行业实施性标准，多个国家已提出相关标准，各标准特点如表 3-1 所示。

国外建筑信息模型数据标准及特点 表 3-1

国家	标准名称	特点
美国	《BIM 项目实施计划指南》（2010.04）	规定 BIM 项目实施遵从的四个步骤
美国	《National BIM Guide for Owners》	基于建筑业主的立场，定义 BIM 应用流程
英国	《建筑工程施工工业建筑信息模型规程》	面向设计企业，Autodesk Revit 软件紧密结合
挪威	《BIM Manual1.2》（2010.10）	技术标准和实施标准的结合、不同阶段应用指南
芬兰	《BIM Requirements 2007》	建筑、所有构件的细致建模标准，面向设计
澳大利亚	《国家数字模拟指南》	宏观层面讨论 BIM 实施过程及行业规范问题
韩国	《建筑领域 BIM 应用指南》	面向业主、设计、施工方的业务指南
日本	《日本 BIM 指南》	面向设计企业（团队建设数据处理、设计流程）
新加坡	《新加坡 BIM 指南 1.0 版》	BIM 规范和 BIM 建模及协作程序，参考指南

美国 BIM 标准体系中，标准分为技术性标准与应用性标准。技术性标准主要适用于软件开发人员，包括信息语义标准、数据存储标准、信息交换标准三类；应用性标准适用于工程从业人员，包括行业推荐标准、企业执行标准、项目执行指南。以 NBIMS 标准体系为例，美国 BIM 标准体系如图 3-2 所示。

（2）国内 BIM 标准

国内 BIM 标准已有和在编的标准可分为国家标准、行业标准和地方标准，其中国家标准按内容分为分类和编码标准、设计交付标准、存储标准、应用统一标准、施工应用实施标准，如表 3-2 所示。

国内 BIM 相关标准 表 3-2

标准分类	标准名称
国家标准	《建筑信息模型应用统一标准》GB/T 51212—2016
	《建筑信息模型分类和编码标准》GB/T 51269—2017
	《建筑信息模型施工应用标准》GB/T 51235—2017
	《建筑信息模型设计交付标准》GB/T 51301—2018
	《建筑信息模型存储标准》（在编）
	《制造工业工程设计信息模型应用标准》GB/T 51362—2019

续表

标准分类	标准名称
行业标准	《建筑工程设计信息模型制图标准》JGJ/T448—2018 《规划和报建 P-BIM 软件功能与信息交换标准》T/CECS-CBIMU 1—2017 《规划审批 P-BIM 软件功能与信息交换标准》T/CECS-CBIMU 2—2017 《规划审批 P-BIM 软件功能与信息交换标准》T/CECS-CBIMU 2—2017 《建筑基坑设计 P-BIM 软件功能与信息交换标准》T/CECS-CBIMU 4—2017 《地基基础设计 P-BIM 软件功能与信息交换标准》T/CECS-CBIMU 5—2017 《地基工程监理 P-BIM 软件功能与信息交换标准》T/CECS-CBIMU 6—2017 《混凝土结构设计 P-BIM 软件功能与信息交换标准》T/CECS-CBIMU 7—2017 《钢结构设计 P-BIM 软件功能与信息交换标准》T/CECS-CBIMU 8—2017 《砌体结构设计 P-BIM 软件功能与信息交换标准》T/CECS-CBIMU 9—2017 《给排水设计 P-BIM 软件功能与信息交换标准》T/CECS-CBIMU 10—2017 《供暖通风与空气调节设计 P-BIM 软件功能与信息交换标准》T/CECS-CBIMU 11—2017 《电气设计 P-BIM 软件功能与信息交换标准》T/CECS-CBIMU 12—2017 《绿色建筑设计评价 P-BIM 软件功能与信息交换标准》T/CECS-CBIMU 13—2017
地方标准	《民用建筑信息模型设计标准》DB11/1063—2014（北京市） 《上海市建筑信息模型应用标准》DG/TJ 08-2201—2016（上海市） 《城市轨道交通建筑信息模型技术标准》DG/TJ 08-2202—2016（上海市） 《城市轨道交通建筑信息模型交付标准》DG/TJ 08-2203-2016（上海市） 《市政道路桥梁信息模型应用标准》DG/TJ 08-2204—2016（上海市） 《市政给排水信息模型应用标准》DG/TJ 08-2205—2016（上海市） 《人防工程设计信息模型交付标准》DG/TJ 08-2205—2016（上海市） 《天津市民用建筑信息模型（BIM）设计技术导则》（天津市） 《浙江省建筑信息模型（BIM）应用导则》（浙江省） 《江苏省建筑信息模型（BIM）设计基础标准》（江苏省） 《民用建筑信息模型（BIM）设计基础标准》（辽宁省） 《广东省建筑信息模型应用统一标准》（广东省） 《基于 BIM 的设备管理编码规范》（广东省） 《城市轨道交通 BIM 建模与交付标准》（广东省） 《深圳市建筑公务署 BIM 实施管理标准》SZGWS 2015—BIM—01（深圳市） 《福建省建筑信息模型（BIM）技术应用指南》（福建省） 《安徽省建筑信息模型（BIM）技术应用指南》（安徽省） 《湖南省建筑工程信息模型设计应用指南》（湖南省） 《湖南省建筑工程信息模型施工应用指南》（湖南省）

以中国铁路标准体系为例，该体系分为技术标准和实施标准，其中技术标准又分为数据存储、信息语义、信息传递，实施标准分为资源标准、行为标准、交付标准（图3-3）。

4. 城市地下空间标准

城市地下空间是指城市规划区内地面之下，或在地层内部一定长度、宽度、高度内的空间。地理信息、地质数据、岩土工程数据、地下管线数据、地下建（构）筑物数据构成了城市地下空间数据范围。在这些领域，相关国际组织已经发布了一些标准，对城市地下空间数据标准化有较高的借鉴意义，见表3-3所示。

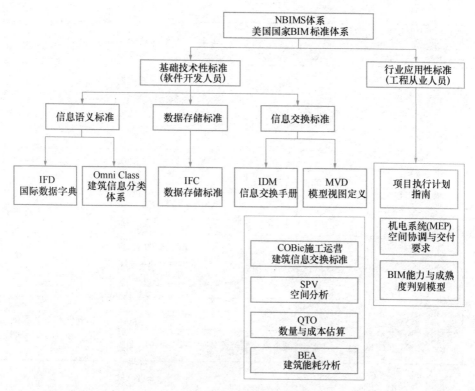

图 3-2　美国 NBIMS 标准体系

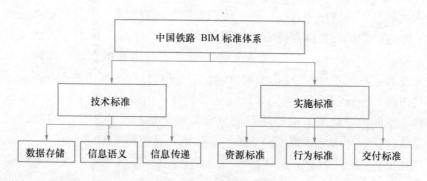

图 3-3　中国铁路 BIM 标准体系

城市地下空间相关国际数据标准　　　　　　　　　　表 3-3

数据类型	标准名称	发布部门	适用范围	备注	
				内容说明	评价
地理信息数据	ISO 191xx 系列标准	ISO	地理信息与空间数据	空间坐标系定义、几何与拓扑数据的定义、属性数据的扩展、元数据框架等	由一系列标准组成，国际认可度高，地理信息专业性要求高
	GML (ISO19136)	ISO/OGC	地理实体几何特征和属性特征表达	用 XML 语言描述地理空间数据的定义、存储和交换的方式	属于 ISO 191xx 系列标准
	SDTS	FGDC	地理空间实体表达	包含了铁路、公路等交通相关空间数据标准	涉及地下空间数据面很窄

续表

数据类型	标准名称	发布部门	适用范围	备注	
				内容说明	评价
岩土工程数据	AGS	AGS	工程地质、岩土工程、环境岩土工程的勘察与室内试验	工程地质、岩土工程的勘察与室内试验数据标准，监测数据标准比较成熟，且在欧洲、美国	比较成熟，且在欧洲、美国的岩土工程行业应用广泛
	DIGGS	FHWA	岩土工程与环境岩土工程	基于 XML 的岩土工程数据标准	相当于是 AGS 的 XML 版本
	Geotech ML	JTC2	岩土工程	用 XML 表达岩土工程数据标准	覆盖的内容相对较少
基础设施数据	SDSFIE	DISDI	基础设施及其环境	包含交通相关的空间数据标准，并且可以与属性数据相关联	涉及的岩土工程对象较少，且很简单
建筑信息数据	IFC	IAI	建筑项目全周期	BIM 官方推荐标准	以建筑和空间数据为主要范畴，包含的属性数据极少
	CityGML	OGC	构建三维城市模型	数字城市标准	

（1）地理信息标准化

国内外的地理信息标准化工作开展的最早，也最全面、最成熟。地理信息的标准化使地理信息系统具有可移植性、互操作性、可伸缩性等诸多特点，其数据标准主要包括数据交换标准、数据质量标准、数据说明文件等。截至 2013 年底，已发布《地理信息分类系统》《地理空间框架基本规定》等 112 个标准。此外，住房和城乡建设部也发布了《城市基础地理信息系统技术规范》《城市地理空间框架数据标准》《城市测量规范》。

（2）城市地质数据标准化

城市地下空间信息化所需的地质数据主要有地层数据、地质构造数据、水文地质数据、地震地质数据、环境地质数据和地质资源数据，是地质数据的子集。

国外已提出一些相关标准。美国联邦地理数据委员会（FGDC）发布地质地图制图标准（FGDC Digital Cartographic Standard for Geologic Map Symbolization），该标准致力于规范地质数据库的底层数据内容与图像表达[3]。2001 年，FGDC 发布地质数据模型（Geologic Data Model），该标准描述了地质地图信息的数据格式，并提供数据可拓展性[14]。国际地质科学联合会（IUGS）发布一种基于 GML 的地质数据传输标准 GeoSciML，该标准覆盖地质单元、结构、稀土材料、钻孔、物理属性、地质样本分析等多种地质数据。

国内城市地质数据标准化方面同样已推出相关标准。地质矿产部、中国标准化与信息分类编码研究所发布国家标准《地质矿产术语分类代码》，该标准由宇宙地质学、水文地质学、工程地质学、环境地质等 35 个部分组成，确定了数据库标准体系和数据字典[15]。中国地质调查局发布《数字地质图空间数据库》标准和《地质调查元数据内容与结构标准》，分别从不同角度完善了地质数据标准建设。《数字地质图空间数据库》标准规定了关于数字地质图数据（实体）、数据（实体）之间的联系以及有关语义约束规则的形式化描述规则[16]，在其中实体定义上遵循《地质矿产术语分类代码》。《地质调查元数据内容与结构标准》采用 UML 与数据字典相结合的方法描述元数据内容和结构，全面提供描述地质信息的标识、质量、内容、空间参照系、分发等信息[17]。

（3）岩土工程数据标准化

国外岩土工程数据标准化起步较早。英国的岩土及环境土工工程师协会 AGS（Association of Geotechnical and Geoenvironmental Specialists）在 1992 年提出了一种可以描述大多数岩土体属性的电子数据传输文件标准 AGS Format，涵盖了钻孔数据、地层数据、地质构造数据、水文数据、岩土室内试验、现场试验数据和监测数据等，在岩土工程上具有较高的覆盖度，自提出以来被多国广泛采用，现已发展为 AGS4。美国岩土工程现场试验计划（NGES）提供了岩土工程现场试验的数据集中存储和信息分发方案，美国军方工程水运试验研究所（WES）也制定了一套岩土工程电子数据格式传输标准。

国内在这方面起步较晚，目前未制订统一的岩土电子数据标准，仅有一些机构建立了岩土工程数据库。例如，武汉市勘测设计研究院于 1997 年建成"武汉市工程勘察信息系统"；台北市 80 代起开始建立"大地工程资料库"（GED-BC）；香港从 1991 年起 GCO 的规划处就一直在开发地学数据库，对辖区的地质地层数据进行存储、综合解释和展示。

3.3　数　据　清　洗

数据清洗要去除源数据集中的噪声数据和无关数据，处理遗漏数据和脏数据，去除空白数据域和知识背景上的白噪声，考虑时间顺序和数据变化等。主要包括重复数据处理和缺值数据处理，并完成一些数据类型的转换。数据清洗可以分为有监督和无监督两类。

有监督过程是在领域专家的指导下，分析收集的数据，去除明显错误的噪声数据和重复记录，填补缺值数据；无监督过程是用样本数据训练算法，使其获得一定的经验，并在以后的处理过程中自动采用这些经验完成数据清洗工作，数据清洗的基本方法有：

（1）空缺值处理

目前最常用的方法是使用最可能的值填充空缺值，比如可以用回归、贝叶斯形式化方法工具或判定树归纳等确定空缺值。这类方法依靠现有的数据信息来推测空缺值，使空缺值有更大的机会保持与其他属性之间的联系。

还有其他一些方法来处理空缺值，如用一个全局常量替换空缺值、使用属性的平均值填充空缺值或将所有元组按某些属性分类，然后用同一类中属性的平均值填充空缺值。如果空缺值很多，这些方法可能误导挖掘结果。

（2）噪声数据处理

噪声是一个测量变量中的随机错误或偏差，包括错误的值或偏离期望的孤立点值。可以用以下的数据平滑技术来平滑噪声数据，识别、删除孤立点。

① 分箱：将存储的值分布到一些箱中，用箱中的数据值来局部平滑存储数据的值。具体可以采用按箱平均值平滑、按箱中值平滑和按箱边界平滑。

② 回归：可以找到恰当的回归函数来平滑数据。线性回归要找出适合两个变量的"最佳"直线，使得一个变量能预测另一个。多线性回归涉及多个变量，数据要适合一个

多维面。

③ 计算机检查和人工检查结合：可以通过计算机将被判定数据与已知的正常值比较，将差异程度大于某个阈值的模式输出到一个表中，然后人工审核表中的模式，识别出孤立点。

④ 聚类：将类似的值组织成群或"聚类"，落在聚类集合之外的值被视为孤立点。孤立点可能是垃圾数据，也可能是提供信息的重要数据。垃圾模式将从数据库中予以清除。

数据清洗，顾名思义，这项工作的目的就是把"脏数据"给"洗掉"。在数据清洗之前，数据仓库中的数据是面向某一任务的所有原始数据的集合，这些数据从多个数据库（或传感器）中抽取而来，避免不了错误数据和冲突数据，这些错误的或有冲突的数据显然是我们不想要的，甚至会误导后续的数据分析过程，称为"脏数据"。数据清洗的主要目标就是去除源数据集中的脏数据。数据清洗是发现并纠正数据文件中可识别错误的最后一道程序，包括检查数据一致性、清理噪声数据、处理无效值和缺失值等。

数据清洗通常难以一次性完成，是一个反复的过程，需要不断地发现问题和解决问题。对于是否实施一项内容的清洗过滤，需要结合任务目标确认。通常，数据清洗应实现以下目标：

（1）数据的可信性

可信性包括精确性、完整性、一致性、有效性、唯一性等指标。

（2）数据的可用性

数据的可用性考察指标主要包括时间性和稳定性。时间性描述数据是当前数据还是历史数据。稳定性描述数据是否是稳定的，是否在其有效期内。

（3）数据清洗的效益

数据清洗的代价即成本效益，在进行数据清洗之前考虑成本效益这个因素是很必要的。因为数据清洗是一项十分繁重的工作，需要投入大量的时间、人力和物力。在进行数据清洗之前要考虑其物质和时间开销的大小，是否会超过组织的承受能力。通常情况下大数据集的数据清洗是一个系统性的工作，需要多方配合以及大量人员的参与，需要多种资源的支持。

3.3.1　缺失数据处理

很多情况下可用数据中都会存在缺失值，导致缺失值的原因包括：

（1）设备异常；

（2）与其他已有数据不一致而被删除；

（3）因为误解而没有被输入的数据；

（4）在输入时，有些数据得不到重视而没有被输入；

（5）对数据的改变没有进行日志记载。

为了便于后续分析，就需要对数据进行补全。对于遗漏值，可以采用的方法包括：

（1）忽略数据

如果只有极少量的缺失数据，或者缺失部分的数据对后续处理的影响不大，则可以将相关记录忽略不计或直接删除。需要注意的是，若缺失数据较多，以上处理可能由于丢失数据中蕴含的信息量大，而导致整体特征的失真。

在对移动物体的 3D 位置进行跟踪时，附着在移动物品上的位置传感器会不断以广播方式向外界发送位置坐标。这些数据由于环境干扰等的影响，可能会出现丢包现象（数据遗失）。在处理中往往将这些丢失的数据直接忽略。

（2）根据其他属性值推测缺失值

例如，由学生的学号可推算出所在年级、院系等信息。这种方法只有当数据间存在对应规则时才能使用。

（3）使用一个全局常量填充遗漏值

将遗漏的属性值用同一个常数（如"Unknown"）替换。在结构的疲劳试验中，由于成本原因，对那些达到预期疲劳试验次数但未损坏的构件，通常采用 NULL 标识其疲劳寿命值。

需要注意的是，如果遗漏值都用"Unknown"替换，数据挖掘程序可能误以为它们形成了一个有趣的概念，因为它们都具有相同的值——"Unknown"。

（4）使用默认值、中间值、平均值、数据的分布特征等填充缺失数据

这种方法对所有的缺值产生单一的结果，比较粗糙，有可能对数据挖掘产生误导。

（5）建立预测模型

为有缺失的属性用数据挖掘技术建立一个预测模型。通过回归分析、决策树或贝叶斯方法等技术，利用现存数据的多维信息来训练模型，再按照这个模型的预测结果补全缺失属性。这类方法最大限度地利用现有的数据信息来推测遗漏数据值，可以较好地保持数据的原始特征和数据间的内在联系，但模型的建立和训练需要花费较多的时间。

3.3.2 异常数据处理

异常值通常被称为"离群点"，对于异常值的处理，通常使用的方法有下面几种：

（1）简单的统计分析

拿到数据后可以对数据进行一个简单的描述性统计分析，譬如最大最小值可以用来判断这个变量的取值是否超过了合理的范围，如结构的使用寿命为 -20 年，显然是不合常理的，为异常值。

（2）3σ 原则

在 3σ 原则下，异常值为一组测定值中与平均值的偏差超过 3 倍标准差的值。如果数据服从正态分布，距离平均值 3σ 之外的值出现的概率为 $P(|x-u|>3\sigma)<0.003$，属于极个别的小概率事件，可认为存在异常。

（3）箱形图分析

箱形图提供了识别异常值的一个标准：如果一个值位于 $[Q_L+1.5I_{QR}, Q_U-1.5I_{QR}]$ 范围之外，则被称为异常值。其中：Q_L 为下四分位数，表示全部观察值中有四分之一的数据取值比它小；Q_U 为上四分位数，表示全部观察值中有四分之一的数据取值比它大；I_{QR} 为四分位数间距，是上四分位数 Q_U 与下四分位数 Q_L 的差值，包含了全部观察值的一半。

（4）基于模型检测

首先建立一个数据模型，异常是那些同模型不能完美拟合的对象；如果模型是簇的集合，则异常是不显著属于任何簇的对象；在使用回归模型时，异常是相对远离预测值的对象。

（5）格鲁布斯（Grubbs）法

假设测量结果服从正态分布，计算出 n 个测量值的期望与标准差。如果计算的统计量大于等于 Grubbs 的临界值表中对应置信区间下的临界值，则判定该数据为异常值，舍去。否则不属于异常值，予以保留。

Grubbs 法一次仅能处理 1 个数据，当判断出异常数据时，需对剔除异常值的样本重新计算期望与标准差，因此数据的处理效率较低。

表 3-4 为对某食堂混凝土结构钻芯取样后，对混凝土强度进行测试的结果，其中第 1 列为钻芯试件的强度，第 2 列为采用回弹法测得的同一位置混凝土强度。初步怀疑其中第 2 排数据存在异常，采用格鲁布斯（Grubbs）法对最后列数据进行检验。

根据该方法，样本偏差量平均值 $E = 1.38$MPa，标准偏差 $S = 8.01$MPa；数据 -14.6 距离平均值最远，格鲁布斯统计量 $G_n = (1.38 - (-14.6))/8.01 = 2.00$；通过格鲁布斯（Grubbs）临界值表查得，$n = 6$ 时，$G_{0.975} = 1.887$，$G_{0.995} = 1.973$；由于 $G_n > G_{0.975}$，因此可以判定构件 3 为异常数据。

某食堂混凝土结构抗拉试验修正结果   表 3-4

序号	钻芯部位	芯样试件混凝土强度值	测区混凝土强度换算值	偏差量 δ
1	构件 2 第 8 测区	34.2	26.9	7.3
2	构件 3 第 2 测区	23.2	37.8	-14.6
3	构件 8 第 7 测区	38.5	33.4	5.1
4	构件 9 第 2 测区	35.1	32.9	2.2
5	构件 11 第 3 测区	31.4	27.6	3.8
6	构件 14 第 3 测区	33.6	29.1	4.5

（6）基于聚类

将物理或抽象对象的集合分成由类似的对象组成的多个类的过程称为聚类。由聚类所生成的簇是一组数据对象的集合，这些对象与同一个簇中的对象彼此相似，与其他簇中的对象相异。如果一个数据不属于任何簇，则可认为该数据为异常数据（图 3-4）。聚类的一个应用是试验数据中异常值的剔除。

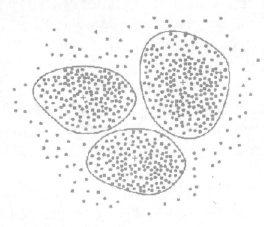

图 3-4   聚类检测异常数据

3.3.3 噪声数据处理

噪声是指被测变量的随机错误或偏差，包括错误的值或偏离期望的孤立点。噪声主要来源于过早的计算、不准确的测量、传递误差、算术法的局限、环境干扰、甚至敌对欺骗等。结构检测中由于振动形成的小波是土木工程中最常见的一种噪声数据。异常数据处理与噪声数据处理有相似之处，但噪声数据处理更强调于对数据的修正和平滑处理。

可用下列技术来平滑噪声数据，识别和删除孤立点。

（1）分箱（Binning）

把待处理的数据按照一定的规则放到一些箱子中，考察箱子中的数据，采用某种方法对箱中的数据进行处理。在同一个箱子中，数据的属性值属于相同的子区间范围。分箱需要解决两方面的问题：分箱方法，即如何分箱；数据平滑方法，即箱中的数据如何处理。

分箱有多种方式，包括：等宽分箱，即每个"桶"的区间范围是相同的；等深分箱，即每个"桶"中样本的个数是相同的；最小熵分箱，即使各箱内的记录具有最小的熵值；以及定义区间分箱。

分箱后数据的平滑方式有多种，主要的方式为：按平均值平滑，箱中每一个值被箱中的平均值替换；按边界平滑，箱中的最大和最小值同样被视为边界。箱中的每一个值被最近的边界值替换；按中位数值平滑，此时，箱中的每一个值被箱中的中位数替换。

图 3-5 示意了分箱技术的具体应用。在该例中，数据首先被划分并存入等深的箱中（深度 3）。对于平均值平滑，箱 1 中的值 4、8 和 15 的平均值是 9，所以该箱中的每一个值被替换为 9。图 3-5 中还示意了采用边界平滑以及中位数平滑的结果。

一般来说，深度越大平滑效果越大。在土木工程中，用得更多的是等宽分箱技术，并按中位数进行平滑，得到的结果通常用直方图表示。

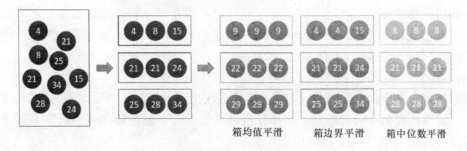

箱均值平滑　　箱边界平滑　　箱中位数平滑

图 3-5　等深分箱及不同的数据平滑方法

（2）聚类

聚类可用于剔除异常数据，所剔除的异常数据也可看作是噪声，因此聚类也同样是一种消噪手段。

（3）回归

发现两个相关变量之间的变化模式，通过使数据适合一个函数（如回归函数）来平滑数据。回归包括线性回归与非线性回归两类。线性回归涉及找出适合两个变量的"最佳"直线，使得一个变量能够预测另一个。

3.3.4   不一致数据处理

对于有些事务，所记录的数据可能存在不一致。有些数据不一致可以使用人工方式加以更正。例如，数据输入时的错误可以使用纸上的记录加以更正。知识工程工具也可以用来检测违反限制的数据。例如，知道属性间的函数依赖，可以查找违反函数依赖的值。

3.4   数   据   集   成

数据的来源是多样化的，可能来自不同的部门，不同的数据库系统。不同的数据库间在数据定义和使用上通常都存在巨大的差异，因而存在着异构数据的转换问题。数据集成是将多文件或多数据库运行环境中的异构数据进行合并处理，解决语义的模糊性，其目的是把来自不同数据源的数据合并到一起以适应挖掘的需要。

数据集成需要统一原始数据中的所有矛盾之处，如字段的同名异义、异名同义、单位不统一、字长不一致等，从而把原始数据在最低层次上加以转换、提炼和聚集，形成最初始的知识发现状态空间。

另外，在数据集成中还应考虑数据类型的选择问题，应尽量选择占物理空间较小的数据类型。如在值域范围内用 tinyint 替代 int，每条记录可以节省 3 个字节。如果对于大规模数据集来说将会大大减少系统开销。

数据集成的主要任务包括：

（1）模式集成

模式集成主要是实体识别，即找出不同源数据属性之间的关系，判定其是否属于相同实体。例如，一个数据库中的桥梁评分标准用的是"A、B、C、D、E"五级别，但另一个数据库用的是"一、二、三、四、五"另一种表达方式，如果清楚了两种等级划分方式，就可判定这两种数据不属于同一种实体。又例如，日期的数据类型可能分别为：Date、DateTime、String，类似地也需要统一。

（2）冗余

数据集成往往导致数据冗余，如同一属性多次出现、同一属性命名不一致等。例如，给定两个属性，根据可用的数据，这种分析可以度量一个属性能在多大程度上蕴涵另一个。属性 A 和 B 之间的相关性可用下式度量：

$$r_{AB} = \frac{\Sigma(A - \bar{A})(B - \bar{B})}{(n-1)\,\sigma_A\,\sigma_B}$$

式中，n 是元组个数，$\bar{A}$ 和 $\bar{B}$ 分别是 A 和 B 的平均值，σ_A 和 σ_B 分别是 A 和 B 的标准差。

如果上式的值大于 0，则 A 和 B 是正相关的，意味 A 的值随 B 的值增加而增加。该值越大，一个属性蕴涵另一个的可能性越大。一个很逼近 1 的值表明 A（或 B）可以作为冗余而被去掉。如果结果值等于 0，则 A 和 B 是独立的，它们之间不相关。如果结果值小于 0，则 A 和 B 是负相关的，一个值随另一个减少而增加。图 3-6 示意了两数据间的相关性变化。

（3）数据值冲突的检测与处理

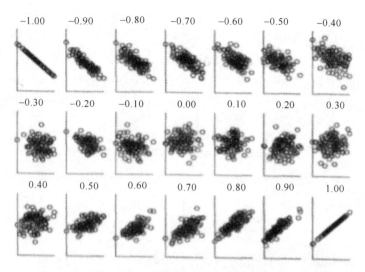

图 3-6　相关度从 −1 到 1 的散布图

由于表示、比例、编码等的不同，现实世界中的同一实体，在不同数据源的属性值可能不同。这种数据语义上的歧义性是数据集成的最大难点，目前没有很好的办法解决。例如，大多数国家的应力单位用的是 MPa，但在部分英制国家，则采用 ksi 作为应力单位。

3.5　数据转换

数据变换的目的是将原始数据转换或统一成适合于数据挖掘的形式。数据变换主要涉及如下内容：

（1）光滑

去掉数据中的噪声。这种技术包括分箱、回归和聚类等。

（2）聚集

对数据进行汇总或聚集。例如，材料的强度设计值可以统一用 95% 保证率对应的屈服强度偏保守的表示，还有其他一些土木工程试验数据可以用平均值来表示。

（3）数据泛化

使用概念分层，用高层次概念替换低层次"原始"数据。例如，分类的属性，如 street，可以泛化为较高层的概念，如 city 或 country。类似地，数值属性，如 age，可以映射到较高层概念，如 young，middle-age 和 senior。

（4）规范化

规范化指将数据集按照规范化的条件进行合并，也就是属性值量纲的归一化处理，目的是消除数值型属性因大小不一而造成挖掘结果的偏差。规范化条件定义了属性的多个取值到给定的虚拟值之间的对应关系。对于不同的数值属性特点，一般可以分为取值连续和取值分散的数值属性规范化问题。在土木工程中，主要使用的应力单位是 MPa，而不是 Pa。在混凝土结构中长度单位一般是 cm，而在钢结构中，长度单位则倾向于统一采用 mm。如果将分别含有钢结构和混凝土结构的数据库中的数据集合并，则必须对两种数据中的长度单位进行规范化。

数据的规范化主要有三种方式：

①最大—最小规范化

对原始数据进行线性变换。假定 minA 和 maxA 分别为属性 A 的最小和最大值。最小—最大规范化通过计算下式，将 A 的值 v 映射到区间 [new_minA，new_maxA] 中的 v'。

$$v' = \frac{v - minA}{maxA - minA}(\text{new\_max}A - \text{new\_min}A) + \text{new\_min}A$$

例如：某钢构件的总疲劳寿命为 100 年，该构件已使用 75 年，则该构件的疲劳损伤度 D （0~1 规范化）为：

$$D = \frac{75 - 0}{100 - 0}(1 - 0) + 0 = 0.75$$

需要注意，若数据集中某数值太大，则规范化后其余各值都接近 0，且相差不大。

②零—均值规范化（z—score 规范化）

$$Y = \frac{X - \mu}{\sigma}$$

式中　μ、σ——分别为 X 的均值和标准差。

该方法最大的优势在于不需知道数据集的最大值、最小值。离群点对结果影响较低。

③小数定标规范化

$$X = x \times 10^{-k}$$

通过移动属性值的小数位数，映射到 [−1，1] 之间，移动的小数位数取决于属性值绝对值的最大值。

（5）属性构造或特征构造

由给定的属性构造和添加新的属性，以帮助提高精度和对高维数据结构的理解。例如，我们可能根据属性 height 和 width 添加属性 area。属性结构可以帮助平缓使用判定树算法分类的分裂问题。

3.6　数　据　归　约

当数据库中的数据集非常大时，在海量数据上进行复杂的数据分析和挖掘将需要很长时间，使得这种分析不现实或不可行。数据归约技术可以用来得到数据集的归约表示，它小得多，但仍接近地保持原数据的完整性。这样，在归约后的数据集上进行数据挖掘将更有效，并产生相同（或几乎相同）的分析结果。

用于数据归约的计算时间不应当超过或"抵消"对归约数据挖掘节省的时间。

不同的数据集可以有不同的规约方式：

（1）数据立方体聚集

数据立方体是数据的多维建模和表示，由维和事实组成。其中各维是数据的属性，事实就是数据。数据立方体聚集将 n 维数据立方体聚集为 $n-1$ 维的数据立方体，如图 3-7 所示。

（2）维归约

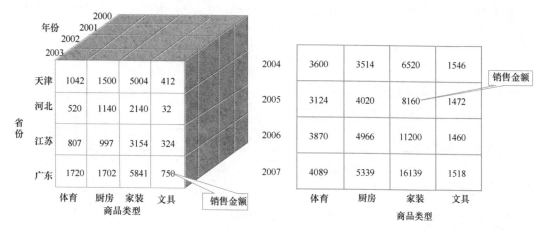

图 3-7 原始数据立方体和聚集后的立方体

通过删除不相关的属性（或维度）减少数据量。不仅压缩了数据集，还减少了出现在发现模式上的属性数目。例如：挖掘混凝土立方体抗压强度的影响参数时，试验人员的联系方式和工号对分析结果并无影响，可以删除。

通常采用属性子集选择方法找出最小属性集，使得数据类的概率分布尽可能地接近使用所有属性的原分布。属性子集选择的启发式方法技术有：

①逐步向前选择：由空属性集开始，将原属性集中"最好的"属性逐步添加到该集合中；

②逐步向后删除：由整个属性集开始，每一步删除当前属性集中的"最坏"属性；

③向前选择和向后删除的结合：每一步选择"最好的"属性，删除"最坏的"属性；

④判定树归纳。使用信息增益度量建立分类判定树，树中的属性形成归约后的属性子集。

（3）数据压缩

应用数据编码或变换，得到原数据的归约或压缩表示。数据压缩分为：无损压缩，即可以不丢失任何信息地还原压缩数据；有损压缩，即只能重新构造原数据的近似表示。比较常用和有效的有损数据压缩方法是小波变换和主要成分分析。小波变换对于稀疏或倾斜数据以及具有有序属性的数据有很好的压缩结果。主要成分分析计算花费低，可以用于有序或无序的属性，并且可以处理稀疏或倾斜数据。

（4）数值压缩

数值压缩通过选择替代的、较小的数据表示形式来减少数据量。数值压缩技术可以是有参的，也可以是无参的。

有参方法是使用一个模型来评估数据，只需存放参数，而不需要存放实际数据。常用的有参数值归约技术有：回归，包括线性回归、多元回归以及对数线性模型。例如，经检测发现，某开口截面梁上各点的应力在按薄壁结构力学修正后，符合相关的内力-应力转换公式，因此可以只用记录截面的轴力、剪力、弯矩、扭矩（4 个参数），就可得到截面上任意点的应力。常用的无参数值归约技术有：直方图；聚类，即将数据元组视为对象，将对象划分为群或聚类，使得在一个聚类中的对象"类似"，而与其他聚类中的对象"不类似"，在数据归约时用数据的聚类代替实际数据；选样，即用数据的较小随机样本表示大的数据集，包括简单选样、聚类选样和分层选样等。

习 题

1. 下表为高强度钢丝加速锈蚀时间及其对应锈蚀深度的测量结果，尝试采用回归分析方法填补锈蚀均值数据中的空缺值。

锈蚀时间（d）	均值（μm）	标准差（μm）
10	34.74	2.97
20	38.18	4.18
30	45.12	4.54
40		4.20
50	52.20	3.61
60	58.08	3.29

2. 判断上表中的标准差数据列是否可作为冗余值删除。

3. 已知高强钢丝的直径为 7mm，计算各锈蚀时间对应的平均锈蚀失重量，并按 $0 \sim 100\%$ 规范化计算平均失重率。

4. 以下为实测得到的高强钢材的屈服强度与极限强度值，分别用 3σ 法和 Grubbs 法找出其中的异常值。

极限强度（MPa）	屈服强度（MPa）
1740	1580
1780	1620
1790	1620
1700	1510
1720	1510
1750	1560

第4章 土木工程信息模型

4.1 概　述

土木信息模型不同于通常所说的工程对象三维模型，它不仅仅是工程对象几何形状等视觉信息的三维表达，还包括了对象属性、对象关系等丰富的内容。土木信息模型是从信息角度搭建的模型，并提供必要的语言来表示对象的特性以及功能，以便进行更有效的交流。实际上，土木信息模型的目标是通过信息技术，在计算机中构建一个与实际工程相对应的数字化孪生体，提供关于物理对象的完整信息，并可对其进行方便快捷的数字化操作。

狭义上说，土木信息模型至少应包含土木工程对象、对象属性和对象之间的关系。从更一般意义来说，土木信息模型是采用面向对象的方法，将土木工程信息抽象组织成为有机整体，其中包含了对土木工程对象、属性、关系、功能、过程、约束、规则和操作的表达，并转化为计算机可存储、识别和分析的形式。

土木信息模型的应用不局限于设计阶段，而是贯穿于整个项目全生命周期的各个阶段。信息模型的电子文件可在参与项目的各方共享。例如，建筑设计专业可以直接生成三维实体模型；结构专业则可取其中墙材料强度及墙上孔洞大小进行计算；还可以据此进行建筑能量分析、声学分析、光学分析等。由于土木信息模型需要支持工程全生命周期的集成管理，因此土木信息模型的结构是一个包含有数据模型和行为模型的复合结构。它包含与几何图形有关的数据模型，也包含与管理有关的行为模型，两相结合赋予数据更广阔的用途。

信息模型的建立不是唯一的，目前比较成熟的地理信息模型、建筑信息模型为各专业领域提供了很好的借鉴，大多数工程信息模型可在通用模型框架的基础上进行扩展。

4.2 地理信息模型

地理信息模型中包含了地理对象、对象属性和对象关系。GIS 在诞生以来的几十年中，形成了较为完善和庞大的信息模型，包括了地理对象几何特征信息模型、空间位置信息模型、语义信息模型、几何图层信息模型、图像信息模型等丰富的内容，其框架如图4-1所示。以几何特征信息模型为例，其包含了点、线、面及其关系的数据表达，用于描述地理对象的几何信息。图4-2描述了几何对象基本分类，其中点（Point）、有方向的基本对象（Orientable Primitive）与体（Solid），共同组成简单的几何对象（Ptimitive），组合点（Composite Point）由点组成，曲线（Curve）与组合曲线（Composite Curve）构成有方向的曲线（Orientable Curve），面（Surface）与组合面（Composite Surface）构成有方向的面（Orientable Surface），有方向的面和有方向的曲线形成有方向的基本对象。其中 GIS 为线、面添加了方向，便于考虑与坐标的关系，方便描述 GIS 对象的内部、外部和边界。

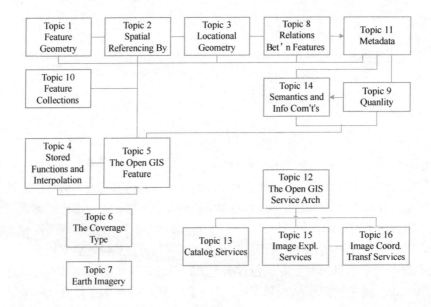

图 4-1   地理信息模型框架图

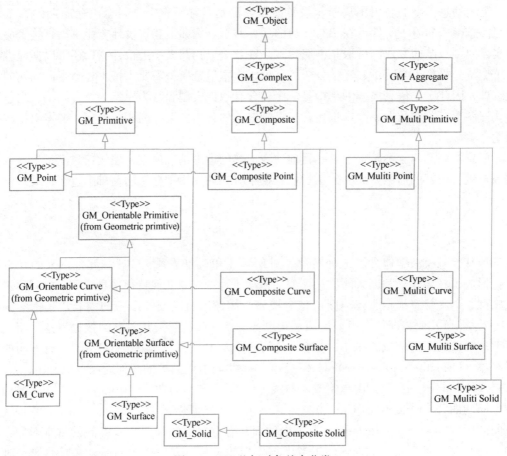

图 4-2   GIS 几何对象基本分类

GIS 信息模型框架中还定义了元数据和数据质量的信息模型，以及对象操作模型。例如主题 4 是函数与插值（Stored Functions and Interpolation），它对地理对象可进行的操作做出了约定。由此可见，地理信息模型不是一个简单的由对象、属性、关系组成的信息模型，它还包含了图层、对象集合和对象操作等等丰富的内容。针对几何信息，GIS 中包含对几何信息的元数据规定、质量规定。

4.3 城市信息模型

CityGML 是一种基于 XML 格式的用于存储及交换虚拟城市模型的开放编码标准，同时也是用来表现和传输城市三维对象的通用信息模型。CityGML 定义了城市中的大部分地理对象的分类及其之间的关系，而且充分地考虑了区域模型的几何、拓扑、语义和外观属性等。CityGML 中还定义了主题的概念，例如地形、场地、植被、水体、交通设施、城市设施等，这些主题信息大大拓展了 CityGML 的能力，不仅可以将其作为信息组织和信息交换的工具，而且允许将虚拟城市模型部署到各种不同应用中，进行复杂的分析，例如仿真、城市数据挖掘、设施管理、主题查询等。

CityGML 中比较注重 LOD（The Levels of Detail），即细节层次的体现。在 CityGML 数据集里面，同一个对象可以同时有不同的细节层次，即可以对同一对象进行不同分辨率的表达，这为高效可视化和数据分析提供了便利。CityGML 中定义了五种细节层次，每一个细节层次的特点和主要用途如下。

LOD 0：是五级层次细节中最粗糙的一层，本质上是一个数字地形模型（DTM），叠加在航空影像或者被渲染过的地图上面。

LOD 1：对应所谓的街区模式，只包括平面方形建筑屋顶。

LOD 2：有不同的屋顶结构和侧面，同时也有植被对象的表示。

LOD 3：用详细的墙壁、屋顶结构、阳台、投影等更多的细节来表示建筑模型，可将高分辨率的纹理映射到这些要素上面。LOD 3 模型中应有植被和交通运输对象。

LOD 4：在 LOD 3 模型的基础上进一步完善，为三维对象添加了内部结构。比如，建筑物里面的房间，室内门、楼梯以及家具等。

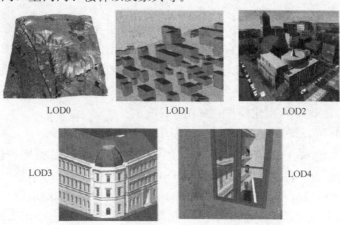

图 4-3　由 CityGML 定义的五种细节层次模型

图 4-3 显示了从 LOD 0 到 LOD 4 的五个层次 CityGML 模型浏览图。

在 CityGML 中还定义了"应用域扩展模块（Application Domain Extensions，ADE）"的概念，简称"模块"。CityGML 由一个核心模块和一系列专题扩展模块组成。一个模块是对 CityGML 在某个应用领域的扩展，例如城市噪声模拟模块、能耗效率模块、地籍模块、历史文化保护建筑模块等。CityGML 核心模块定义了 CityGML 数据模型的基本概念和组件，核心模块可以看作是整个 CityGML 信息模型的底层，所有的专题扩展模块依赖它而存在。

CityGML 利用 UML 语言（Unified Modeling Language）对信息模型予以描述，如图 4-4 所示。图中实心菱头箭头表示包含关系，空心菱形表示聚合关系，三角形箭头表示派生关系，普通箭头表示依赖关系。箭头旁边的 1 表示一个，* 号表示多个。图中最上端为地理特征对象（Feature），派生出图框中最关键的部分，即城市对象（CityObject），例如城市中的建筑、水体、桥梁、隧道等模型。城市对象具有很多属性，例如：创建时间、终止时间、与地形的关系等。城市对象可以聚合为城市模型（CityModel），包含很多外部引用对象（ExternalReferance）等。

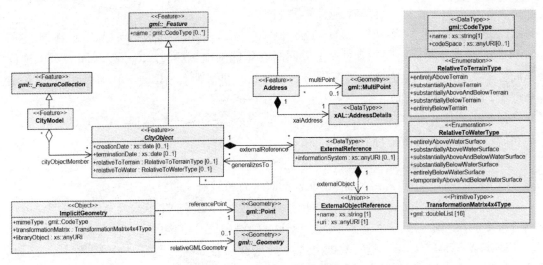

图 4-4　CityGML 核心模型[18]

另外，CityObject 能够派生出场地（Site），场地再派生出抽象建筑（AbstractBuilding）、抽象隧道（AbstractTunnel）和抽象桥梁（AbstractBridge），如图 4-5 所示。抽象建筑是所有建筑对象的基类，抽象隧道是所有隧道对象的基类，依次类推。

以上模型表明，城市中的结构物可由以上所提出的派生流程得到。根据此派生关系，建立出不同 LOD 的城市可视化模型，如图 4-6 所示。

数字城市同样可以按照 LOD 建立隧道模型，如图 4-7 所示。

隧道模型的信息模型如图 4-8 所示，图中城市对象派生出场地，接着派生出抽象隧道，抽象隧道派生出隧道和隧道部分（Tunnel Part）。隧道由实体、面和曲线组成，并且包含隧道安装（Int Tunnel Instauation）、隧道装饰（Tunnel Furniture），以及空洞（Hollowspace）。该信息模型完全出于几何表达的角度来建立，未考虑隧道的结构属性与功能，例如支护结构、防水材料、风水电设备等。因此，利用 CityGML 建立的

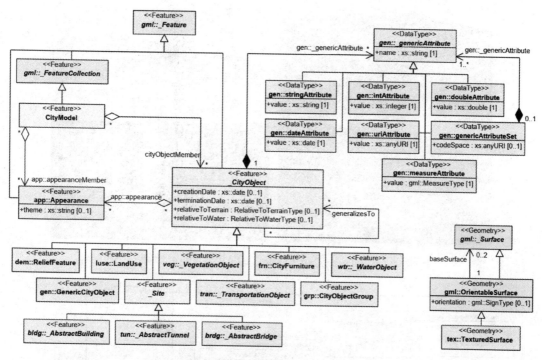

图 4-5　CityGML 的层次分类[18]

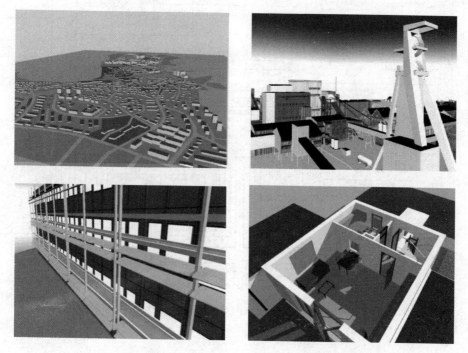

图 4-6　LOD1、LOD2、LOD3、LOD4 城市与建筑模型实例[18]

隧道信息模型主要用于几何表达与可视化，难以真正应用于地下工程专业领域。

图 4-7   LOD1、LOD2、LOD3、LOD4 隧道模型实例[18]

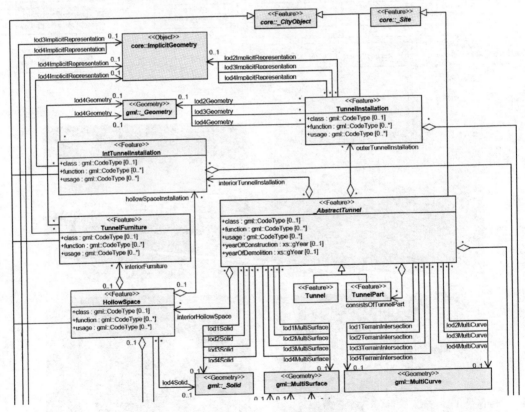

图 4-8   CityGML 隧道信息模型[18]

4.4   建筑信息模型

建筑信息模型的核心内容是 IFC（Industry Foundation Classes）。IFC 既是一个信息

模型，定义了建筑构件和结构通用表达方和角色、资源和活动等对象，也定义了建筑信息交换的格式。

IFC框架由下至上由资源层、核心层、共享层和领域层四个层次构建，如图4-9所示。各层中的资源都遵循"重力原则"，即下层的所有实体可以被上层引用，但上层的实体不能被下层引用。IFC框架提供了建筑工程实施过程中各种信息描述和定义的规范，既可以描述一个真实的建筑物构件，也可以表示一个抽象的概念，如空间、组织、关系和过程等。

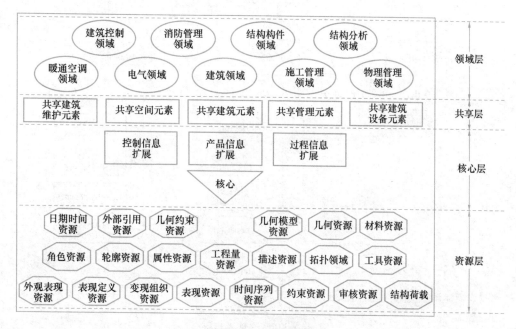

图4-9 IFC层级架构

IFC资源层：作为整个体系的基本层，IFC任意层都可引用资源层中的实体。该层主要定义了工程项目的通用信息，这些信息独立于具体建筑，没有整体结构，是分散的基础信息。该层核心内容主要包括属性资源、表现资源和结构资源等。这些实体资源主要用于上层实体资源的定义，以显示上层实体的属性。

IFC核心层：该层之中主要定义了产品、过程、控制等相关信息，主要作用是将下层分散的基础信息组织起来，形成IFC模型的基本结构，然后用以描述现实世界中的实物以及抽象的流程。在整个体系之中起到了承上启下的作用。该层提炼并定义了适用于整个建筑行业的抽象概念，比如IfcProduct实体可以描述建筑项目的建筑场地、建筑空间、建筑构件等。

IFC共享层：共享层主要服务于领域层，使各个领域间的信息能够交互，同时细化系统的组成元素，具体的建筑构件如板（IfcSlab）、柱（IfcColumn）、梁（IfcBeam）均在这一层定义。

IFC领域层：作为IFC体系架构的顶层，该层主要定义了面向各个专业领域的实体类型。这些实体都面向各个专业领域具有特定的概念。比如暖通领域的锅炉、管道等。

IFC信息模型概念如图4-10所示。IfcRoot根节点派生出三个子类：属性定义（IfcPropertyDefinition），对象（IfcObject）和关系（IfcRelationship）。属性即属性集合，指对象所具有的属性。对象包括角色、工程、控制、产品、组、资源和过程等。关系具体可分为分解、聚合、关联等类型。

如图 4-11 所示，对象（IfcObject）派生出产品（IfcProduct），产品（IfcProduct）又进一步派生出空间结构单元（IfcSpatialStructureElement）和单元（IfcElement）。空间结

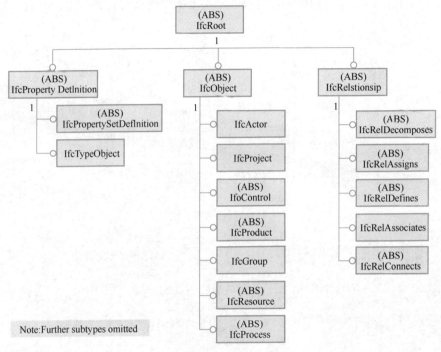

图 4-10　IFC 信息模型概念

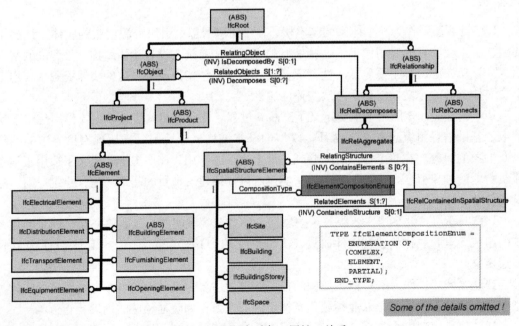

图 4-11　IFC 中对象、属性、关系

构单元是场地（IfcSite）、建筑（IfcBuilding）、楼层（IfcBuildingStorey）和空间（Ifc-Space）的父类；IfcElement 派生出建筑单元（IfcBuildingElement），建筑单元又是梁（IfcBeam）、柱（IfcColumn）、门（IfcDoor）和墙（IfcWall）等具体对象的父类。图中 ABS 是英文 abstract 一词的缩写，表示抽象类，即该类不是一个具体的实体对象，而是多种实体对象共性的抽象表达。实体对象应该通过从抽象类派生出子类的方式来实现。

通过对象之间的关系（IfcRelationship），可以用 IFC 构建出一幢建筑的数字化信息模型。如图 4-12 所示，一个工程（IfcProject）可以聚合多个场地，一个场地可以聚合多个建筑，一个建筑可以聚合多个楼层，每个楼层包含了多个空间结构，如梁、板、柱等。

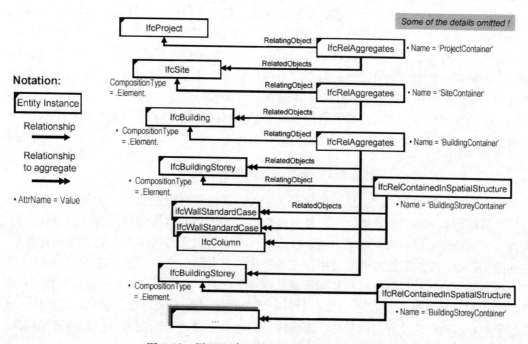

图 4-12　用 IFC 建立一个数字化建筑信息模型

尽管用 CityGML 也可以表达建筑物，但是它仅仅是对建筑外观的一个大致描述。IFC 的建筑信息模型更加细致和完善，近年来 CityGML 有与 IFC 不断融合的趋势，用 CityGML 表达大范围的城市场景，用 IFC 表达精细化的建筑模型。

4.5　岩石隧道信息模型

由以上关于地理信息模型、城市信息模型和建筑信息模型的描述可见，针对不同专业领域，往往需要建立适合于该专业领域特点的信息模型。一个专业领域的信息模型是否能完全适合于另一个专业领域，或者经过拓展后就能适合于另一个专业领域，要具体情况具体分析，不能一概而论。例如，城市信息模型是在地理信息模型的基础上拓展而成，而建筑信息模型与地理信息模型和城市信息模型几乎没有关系，这也给 IFC 与 CityGML 的融合带来了比较大的挑战。

隧道和桥梁等结构形式与房屋建筑有着较大的区别，因而不能简单地套用建筑信息模型。以隧道信息模型为例，IFC 不仅难以描述隧道结构，更重要的是 IFC 缺少对地质信息的有效组织，而隧道工程的设计与施工非常依赖于地质信息，因而建筑信息模型难以在隧道工程中直接应用。

本节以岩石隧道工程为例，说明在土木工程不同领域制订信息模型的主要过程及信息模型包含的主要内容。制订岩石隧道信息模型的首要工作是明确其包含哪些信息，这些信息由哪些数据组成，以及数据格式和命名规则等。岩石隧道工程涉及结构与地质等多个方面，因此岩石隧道信息模型包含地理地质、周边环境、设计、施工和监测等多方面的内容组成，如图 4-13 所示。其中，地理地质包括地质、水文地质和岩土体测试等；周边环境包括周边建筑物、地表水、地下水、植被、气象、洞渣等信息；设计包括方案设计、初步设计和施工图设计等阶段；施工则包含超前地质预报、掌子面地质素描、施工计划与进度、施工方案与参数、施工质量和施工变更等信息；监测包含隧道监测和周边建筑物监测等信息。再进一步细分就可以得到岩石隧道信息模型的整个目录和节点，针对每个节点，建立节点的数据表格，并对表格中每一项数据的含义做出规定，就可以形成一个较为全面的信息模型数据组成，也可以称为数据字典。在数据字典的基础上，将这些信息组合一个有机的整体，就可以形成对隧道工程完整的数字化表达。

4.5.1　岩石隧道地质信息模型

岩石隧道工程建设与周边地质环境密切相关，其建设过程中积累了大量的地质数据，如钻孔数据、掌子面开挖数据、室内外试验数据等。地质数据资料格式多样，包括文档、图片等非结构化数据，以及电子表格、数据库、专有格式文件等半结构化、结构化数据。在实际工程中，地质数据的重复使用、交换和共享一直存在较多问题，主要原因在于工程参与各方使用的地质信息格式和结构不同，并且没有统一的命名规则；即使命名相同，语义所表达的概念或内容也往往不相同；另外多数地质信息的质量（如精确性、完整性、可靠性等）和不确定性没有得以量化。解决这一问题的关键就是制定统一的地质数据标准，规范数据的内容、格式及质量。

1. 岩石隧道地质信息组成

岩石隧道工程中所涉及的地质信息包括地质调绘、地质勘探、原位试验、室内试验等勘察阶段地质信息，以及地质补充调查、超前探测、掌子面素描、隧道涌水量监测等施工阶段地质信息[19-22]。

岩石隧道地质数据又可以分类以下三类（如图 4-14 所示）。

（1）调查与分析原始数据。调查与分析原始数据是开展后续分析工作及隧道设计的第一手基础资料，包括地质调绘、地质勘探（钻孔、取样、地球物理勘探等）、原位试验、室内试验（岩矿鉴定、物理性能分析、力学性能分析等）和室内综合分析（试验数据处理、遥感数据解译及历史资料分析）过程中产出的原始数据记录[23]。

（2）成果图件。成果图件是地质工作者对原始数据进行汇总分析后绘制的地质图件，如钻孔柱状图、平面图、纵（横）剖面图以及开挖形成的掌子面素描图等，是隧道设计和施工的直接指导文件。

（3）综合评价成果报告。综合评价成果报告主要指地质勘察报告，是对地质环境综合评价及发展趋势的综合文字集成。勘探工作的进行，为取样及现场试验工作的开展提供了

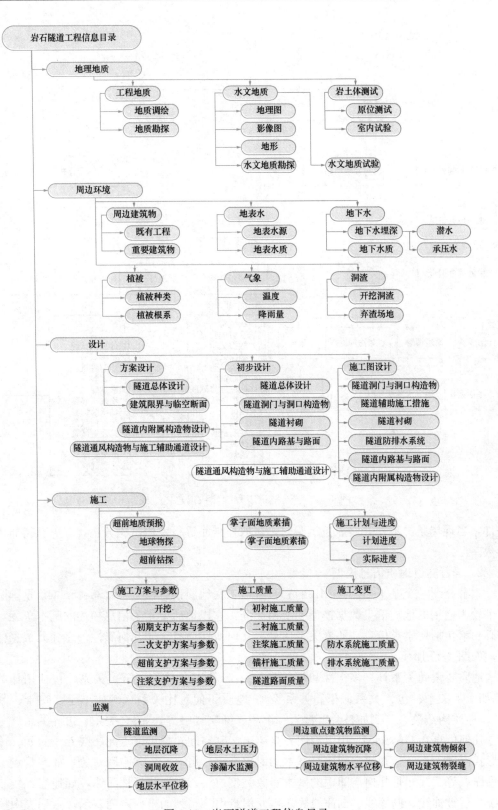

图 4-13 岩石隧道工程信息目录

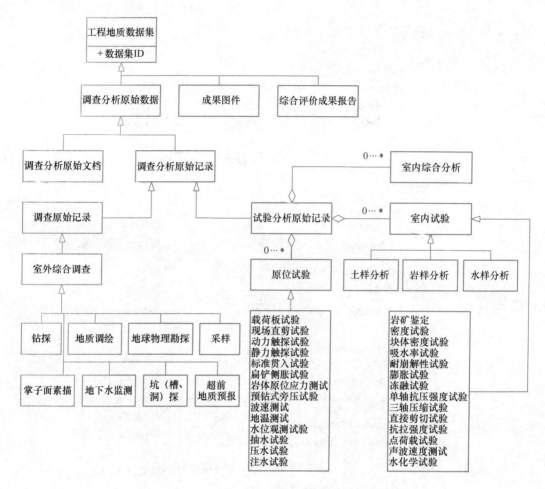

图 4-14   岩石隧道工程地质数据总体组成

条件，当现场条件不便开展原位试验时，对取样样品进行室内试验分析，亦可获得岩土体参数。

2. 岩石隧道地质信息模型

本节介绍一个基于 GeoSciML 的岩石隧道工程地质信息模型[24]。GeoSciML 是国际上一个较为通用的地质信息数据模型和交换标准，它以地质要素为信息描述的基本单元，其核心元素包括要素类信息、要素关系信息、几何属性信息、非几何属性信息和元数据信息等，如图 4-15 所示。

地质要素间关系具有多样性和复杂性，GeoSciML 中定义了五类关系，包括拓扑关系（例如上下关系、包含关系、相邻关系等）、地质年代对比关系（例如早于、晚于、紧跟等）、地质构造关系（例如整合、侵入、沉积、断层接触等）、聚合关系、边界关系。

几何信息在 GeoSciML 中以编图要素给出，其空间对象可以点元、线元、面元、体元的形式出现。点元是几何空间中最基本的对象类型，可表示点状空间对象，如产状点、岩石采样点等。线元是几何空间中的基本对象类型之一，表示线形地质体，如地层界线、断层线、褶皱轴线、勘探线、剖面线等。线元信息由一系列的坐标点列表示，由列表中按顺

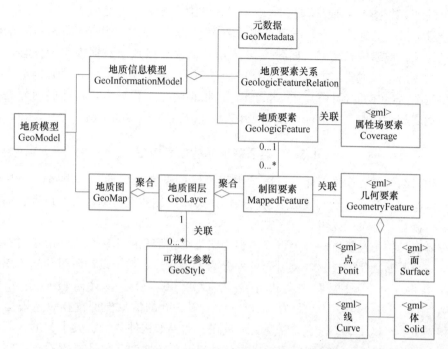

图 4-15　GeoSciML 中地质信息模型概念模型组织结构

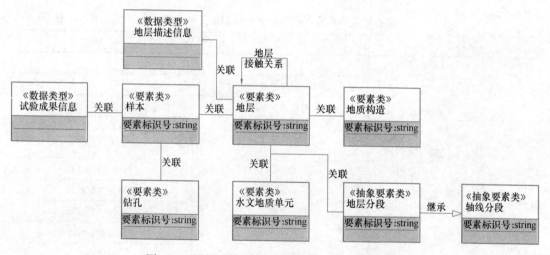

图 4-16　沿隧道轴线索引的岩石隧道地质信息模型

序相互邻接的点构成。面元是几何空间中的基本对象类型之一，如地层界面、断层面、地形表面。面是由许多边围成的，由于每个面由多少个边的组成是不能确定的，所以将所有边的序列形成一个序列字符串来进行链接，然后通过边信息表来操纵点信息表，最后完成查询信息。空间面元信息的描述采用 $F = f(x, y)$ 的数学表达形式，常用于描述地表高程的空间展布。常见的空间面元数据模型有：以矩阵形式来表示的规则格网模型（Grid）、由离散的点相互连接的不规则三角网模型（TIN）以及以形体的边界和外部轮廓进行表示的线框模型（Wire Frame）等。由于空间地质体的复杂性，目前尚无完全统一的数据模型，常见的 3D 数据模型有面模型、体模型以及和混合模型三大类。

鉴于隧道沿线的地质信息是隧道工程的关注重点，因此建立基于 GeoSciML 的沿隧道轴线索引的工程地质信息模型，如图 4-16 所示。该模型以地层数据管理为核心，地层关联了地层描述信息、地质样本（钻孔和试验成果等）、水文地质单位和地质构造，地层之间用拓扑关系描述（如接触等）。除此之外，还根据隧道工程特点，将地层划分为按照轴线索引的地层分段，便于隧道设计和施工中对信息模型的检索和更新。

4.5.2 岩石隧道结构信息模型

岩石隧道结构信息模型总体上可以延用建筑信息模型 IFC 的基本思路，在 IFC 基本构件描述基础上，扩充对岩石隧道结构的表达能力，例如初次衬砌、二次衬砌、锚杆、钢拱架、钢格栅等基本结构元素。

岩石隧道结构信息模型的一个重要内容是定义结构信息的组织关系。由于岩石隧道结构设计是一个不断细化的过程，按时间可划分为工可阶段、初步设计阶段和施工图设计阶段，因此可将工可阶段模型完善度定义为 LOD100，初步设计阶段模型完善度为 LOD200，施工图设计阶段完善度为 LOD300。LOD100 的信息模型重在表达模型整体朝向定位和体量等；LOD200 的信息模型层级重在表达模型构件数量、大小、形状、位置以及方向等；LOD300 的信息模型可用于成本估算以及施工协调，包括碰撞检查、施工进度计划以及可视化。以初步设计阶段为类，结构信息的组织关系如表 4-1 所示。

岩石隧道信息模型初步设计阶段数据分级组织　　　　　　　表 4-1

一级	二级	三级
洞门与洞口构造物	洞门	
	明洞工程	
	洞口超前支护	
衬砌	主洞	初期支护
		二次衬砌
	横通道	横通道标准段
		横通道非标准段
	紧急停车带	紧急停车带标准段
		紧急停车带非标准段
		封堵墙
辅助施工措施	超前支护	超前小导管
		管棚支护
	地表加固	地表注浆
		地表砂浆锚杆
	降水	超前钻孔排水
路基与路面	隧道路面	
	路基	
	轨道	

续表

一级	二级	三级
斜井、竖井和导洞	斜井	
	竖井	
	导洞	
风机房、风道和风塔	风机房	
	风道	
	通风塔	
预留预埋管沟和构件	电缆沟	
	消防洞室	
	检修道	

　　岩石隧道结构信息模型的另一个重要内容是定义结构属性信息，以初期支护的钢拱架为例，其属性信息如表 4-2 所示。

钢拱架属性信息表

表 4-2

属性字段名称	数据单位/数据类型		描述	示例
LINE _ TYPE		文字	衬砌类型	s5ma
UMSA _ DIST	mm	整数	工字钢架间距	5000
UMSA _ TYPE		文字	工字钢架型号	I18a
UMSA _ ELEM		整数	工字钢架单元数量	7
UMSA _ RADI	mm	整数	拱部工字钢架半径	6290
UMSA _ ANGL		角度	拱部钢架单元圆心角	90°
UMSA _ LENG	mm	整数	拱墙工字钢架长度	3092

　　岩石隧道在施工阶段实际揭露的地质情况与勘察阶段判断的地质情况时常有变化，在工程中这种情况叫作围岩变更，由此结构的设计也会发生变更，此时设计变更信息也应能及时反映到信息模型中。IFC 在此方面的表达能力还比较弱，目前一般是通过增加新的属性方式，或者通过拓展方式来管理地质和设计变更信息。

习　题

　　1. 什么是信息模型，它一般应包含哪些内容？

　　2. 请概括描述一下地理信息模型、城市信息模型、建筑信息模型和隧道信息模型的联系和区别。

　　3. 目前常用的地理信息模型、城市信息模型和建筑信息模型是什么？

　　4. 请简述隧道信息模型有什么特点。

第 5 章　BIM 技术与应用

5.1　BIM 概述

5.1.1　BIM 定义

BIM（Building Information Modeling）全称是"建筑信息模型"，最早可以追溯到 Eastman 于 20 世纪 70 年代提出的建筑产品模型概念，由于当时计算机性能与三维绘图技术并不成熟，这一概念并没有得到普遍重视。1987 年，ArchiCAD 软件开始应用虚拟建筑（Virtual Building）的概念，由于虚拟建筑已经具有了 BIM 的诸多特征，因此 ArchiCAD 被认为是最早的 BIM 软件之一。2002 年，Autodesk 公司提出较为完整的 BIM 概念，此后，随着计算机技术的飞速发展，包括 Autodesk、Tekla 和 Bentley 等公司在这一领域推出了商业软件，BIM 在实际工程项目的应用中取得了长足的进展，BIM 逐渐为大家所熟知。

美国国家建筑信息模型标准委员会（NBIMS）对 BIM 的定义为：BIM 是一个设施物理和功能特性的数字化表达；它是一个共享的知识资源，为该设施从概念到拆除的全生命周期的所有决策提供可靠的依据。随着 BIM 的应用与实践不断深入，人们对 BIM 的认识也不断深化，BIM 的概念也从"Building Information Modeling"拓展到"Building Information Management"。其中，"Building Information Modeling"强调信息建模过程，"Building Information Management"强调利用信息模型实现业务流程的组织、控制和管理。

BIM 最为显著的特征是建筑或产品的数字化表现，由 IFC 等开放信息标准支持，因此可以作为工程各参与方的信息交互的协同工具。随着 BIM 软件的不断丰富，BIM 技术已经成为以三维数字技术为基础，集成工程项目各种信息的工程信息模型，应用于设计、建造、运维和管理等工程全生命周期各方面的数字化工具。

5.1.2　BIM 的特点

BIM 作为一种以三维数字技术为基础，贯穿建筑生命周期的信息化模型，主要有以下几方面的特点。

1. 模型可视化

使用传统的 CAD 进行建筑和结构的设计，只能获得二维图纸。为了使非本专业的业主和用户可以理解建筑和结构图纸，就需要委托效果图公司制作相应的 3D 效果图来达到较容易理解的可视化方式。当效果图无法清晰表达其效果的时候，就不得不委托相应的模型公司制作一些建筑的实体模型。虽然这些效果图和建筑实体模型，提供了可视化的视觉效果，但这种可视化手段仅仅是限于展示设计的效果，却不能进行性能分析、不能进行碰撞检测、不能进行施工仿真，总而言之，这一类模型无法帮助项目团队进行工程分析以提高整个工程的质量。

可视化是 BIM 技术最显而易见的特点，不仅建筑设计、碰撞检测、施工模拟等操作能在可视化环境下完成，而且一些比较抽象的信息（如应力、温度、热舒适性）可以用可视化方式表达出来，还可以将设施建设过程及各种相互关系动态地表现出来。可视化操作有利于提高生产效率、降低生产成本和提高工程质量。

2. 信息完备性

BIM 能够容纳设施的全面信息，除了对设施进行 3D 几何信息和拓扑关系的描述，还包括完整的工程信息的描述。例如：结构名称、结构类型、建筑材料、工程性能等设计信息；施工工序、进度、成本、质量以及人力、机械、材料资源等施工信息；工程安全性能、材料耐久性能等维护信息；对象之间的工程逻辑关系等。信息的完备性还体现在创建和维护建筑信息模型的过程中，把前期策划、设计、施工、运营维护各个阶段都连接在一起，把各阶段的信息都存储在 BIM 模型中，以便更新和共享。

信息的完备性使得 BIM 模型支持可视化操作、优化分析、模拟仿真等多种功能，为在可视化条件下进行各种性能分析（体量分析、空间分析、采光分析、能耗分析、成本分析等）和模拟仿真（碰撞检测、虚拟施工、紧急疏散模拟等）提供了方便的条件。

3. 信息协调性

协调性体现在两个方面：一是在数据之间创建实时的、一致的关联，对模型中数据的任何更改，都马上可以在其他关联的地方反映出来；二是在各构件实体之间实现关联显示、智能互动。

对设计人员来说，设计建立起的建筑信息模型就是设计的成果，至于各种平、立、剖 2D 图纸以及门窗表等图表都可以根据模型随时生成。这些源于同一数字化模型的所有图纸、图表均相互关联，避免了用 2D 绘图软件画图时会出现的不一致现象。在任何视图（平面图、立面图、剖视图）上对模型的任何修改，都视同为对信息模型的修改，会马上在其他视图或图表上关联的地方反映出来，而且这种关联变化是实时的。这样就保持了 BIM 模型的完整性，在实际工程中大大提高了工作效率，消除了不同视图之间的不一致现象，保证项目的工程质量。

这种关联变化还表现在各构件实体之间可以实现关联显示、智能互动。例如，模型中的屋顶是和墙相连的，如果要把屋顶升高，墙的高度就会随即跟着变高。又如，门窗都是开在墙上的，如果把模型中的墙平移，墙上的门窗也会同时平移；如果把模型中的墙删除，墙上的门窗马上也被删除，而不会出现墙被删除了，而门窗仍悬在半空的不协调现象。这种关联显示、智能互动表明 BIM 技术能够支持对模型的信息进行计算和分析，并生成相应的图形及文档。

信息协调性为提高生产效率带来了极大的方便。例如，在设计阶段，不同专业的设计人员可以通过应用 BIM 技术发现彼此不协调甚至引起冲突的地方，及早修正设计，避免造成返工与浪费。在施工阶段，可以通过应用 BIM 技术合理地安排施工计划，保证整个施工阶段衔接紧密、合理，使施工能够高效地进行。

4. 信息互用性

BIM 中的数据遵循了 IFC 等开放信息标准，保证了信息前后的一致性，支持信息的互用。具体来说，互用性就是 BIM 模型中所有数据只需要一次性采集或输入，就可以在全生命周期中实现信息的共享、交换与流动，避免了信息不一致的错误。这一点也表明 BIM 技术可以提供良好的信息共享环境，BIM 技术的应用不应当因为项目参与方所使用不同的软件而产生信息交流的障碍，更不应当在信息的交流过程中发生信息的丢失，而应保证信息自始至终的一致性。

5.2　BIM 软件功能介绍

5.2.1　BIM 核心建模软件

1. Autodesk 系列软件

（1）Autodesk Revit

Revit 是由 Autodesk 公司开发的 BIM 协作解决方案。Revit 具有很强的综合性，包含了适用于建筑、结构、MEP（机械、电气和给水排水）、施工等方面的多种功能，其界面如图 5-1 所示。Revit 支持多领域设计流程的协作式设计，多名团队成员可以同时处理同一个项目模型。

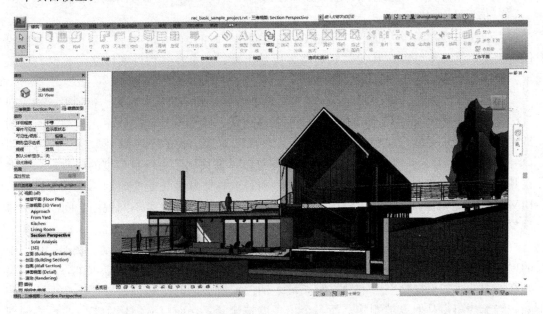

图 5-1　Revit 建筑模型

Revit 提供 IFC 文件格式的导入和导出功能，在 Revit 中能够导入 IFC 文件并进一步处理。导出为 IFC 格式后，其他建筑专业人员（如结构和建筑服务工程师）可以直接使用这些信息。参数化构件是 Revit 中设计所有建筑构件的基础，Revit 还提供了自定义形状建模和参数化设计工具。

（2）Navisworks

Navisworks 能够将 AutoCAD 和 Revit 等软件创建的设计数据作为一个整体看待，实现多种文件格式的实时审阅（图 5-2），更好地控制项目成果，从而为优化设计决策、建筑施工管理直至设施运营等各个环节提供支持[25]。Navisworks 可用于碰撞检查、模拟动画、模型文件和数据整合等多个方面，同时和 BIM 360 深入集成，可以借助 BIM 360 共享项目数据和工作流。

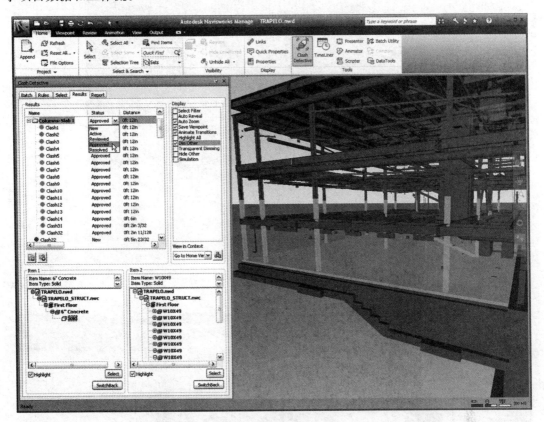

图 5-2 Navisworks 界面

（3）BIM360

BIM360 是 Autodesk 公司的 BIM 云服务平台，用户可以在项目的全生命周期中随时访问 BIM 项目信息。BIM 360 包括用于在线设计协作的 BIM 360 TEAM，用于现场管理、协作和报告的移动应用 BIM 360 FIELD，用于可施工性审阅的 BIM 360 GLUE，用于管理项目文档、平面图和模型的 BIM 360 DOCS，用于设施管理和建筑维护的移动应用 BIM 360 OPS 等。

（4）Robot Structural Analysis

Robot Structure Analysis（图 5-3）提供针对大型复杂结构的高级建筑模拟和分析功能，可以在使用 Revit 完成建模之后进行结构分析。

Structural Analysis Toolkit（图 5-4）是一个 Revit 插件，用于支持 BIM 结构设计。工程师可以使用内建在 Revit 软件中的分析模型进行基于云的结构分析，还可以将 Revit 模型扩展到 Robot Structural Analysis 软件或支持第三方的分析解决方案，从而优化工作流，分析结果可以在 Revit 环境中保存和浏览。

2.Bentley 系列

Bentley 系列软件包含 Bentley Architecture、Bentley ConstructSim、Bentley Naviga-

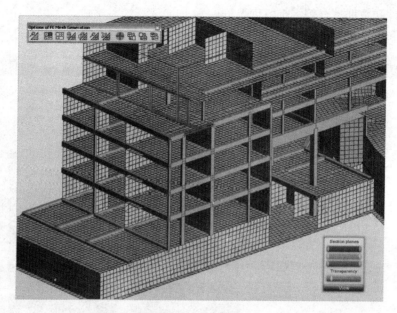

图 5-3　Robot Structure Analysis 界面

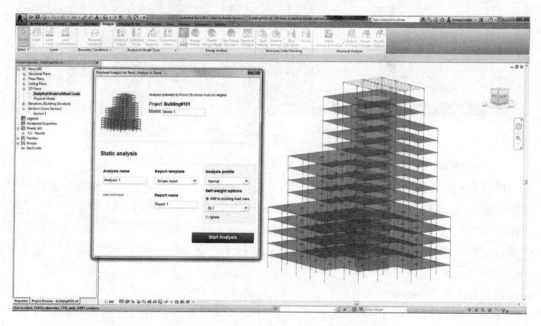

图 5-4　Structural Analysis Toolkit 界面

tor、Bentley RAM Structure System 等。Bentley Architecture 是基于 BIM 技术的建筑设计系统，能够依照已有标准或者设计师自订标准，自动协调 3D 模型与 2D 施工图纸，产生报表，并提供建筑表现、工程模拟等工程应用环境。Bentley ConstructSim 是用于大型项目施工计划的虚拟施工模拟系统，旨在通过虚拟施工模拟提高工作效率、降低成本和缩短项目周期。

Bentley Navigator（图 5-5）可以在多台设备上以一致的体验即时获取最新信息从而

加快项目交付，还可以增进项目协调并促进协同工作。

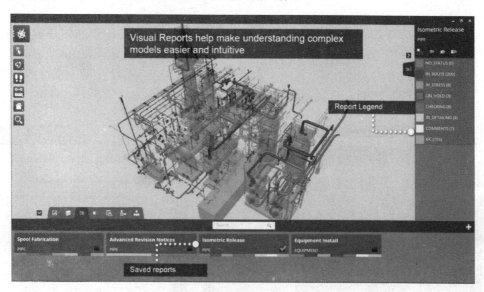

图 5-5　Bentley Navigator

　　RAM Structural System 是集成分析、设计和制图等功能的钢结构和混凝土结构 BIM 软件解决方案。RAM Structural System 包含多个设计模块：RAM Steel 用于钢结构建模设计；RAM Concrete（图 5-6）用于混凝土结构分析与设计；RAM Frame 是一款 3D 静态和动态分析和设计程序，可以分析框架和墙体，验证是否要达到防风和抗震要求；

图 5-6　RAM Concrete

RAM Foundation 用于基础设计和分析。

3. CATIA

CATIA 是法国达索公司开发的设计软件，广泛用于工程行业的产品建模和全生命周期管理，更常用于汽车、造船、航天等工业产品设计，由于其支持复杂 3D 曲面的造型设计，因此也被建筑界引入使用。CATIA 除了建筑外形以外，还可以用于建筑内部 MEP设备的建模，如图 5-7 所示。

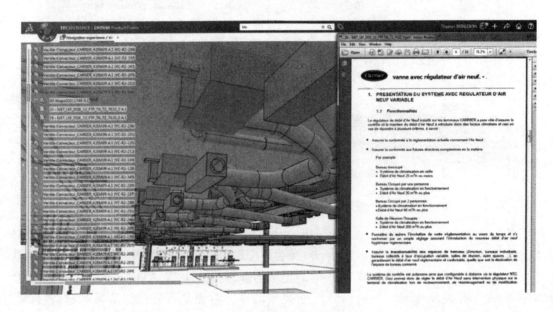

图 5-7   使用 CATIA 建立 MEP 模型

5.2.2   BIM 模型应用软件

1. Affinity

Trelligence Affinity BIM 平台（图 5-8）提供建筑及空间规划和设计解决方案，包括建筑规划、概念及原理设计、早期的可持续性分析和设计方案论证与分析等多种功能。Trelligence Affinity 整合了包括 Autodesk Revit Architecture、ARCHIBUS、ArchiCAD、AECOsim Building Designer、SketchUp、IES－VE 等在内的多种基于 BIM 的软件，以扩展 BIM 的优势。实现更快的规划、更少的返工和更好的团队协作，用于复杂建筑项目的早期设计阶段。

2. Allplan

Allplan 是一家德国的软件公司，开发的 BIM 解决方案包含 Allplan Architecture、Allplan Engineering 和 Allplan Bimplus 等。Allplan Architecture（图 5-9）是建筑 BIM 解决方案，用于制作详细的设计图纸，可定义物理和功能属性，具有可视化、可追溯的工程量和成本等功能。Allplan Engineering 是支持整个 BIM 流程的解决方案，用于结构工程和结构细部设计，可以实现简单的工作流程和数据交换，优化 BIM 工作流程。Allplan Bimplus 是一个开放的多专业 BIM 协作平台，用于管理建筑全生命周期的 BIM 模型、信息、文档和任务。

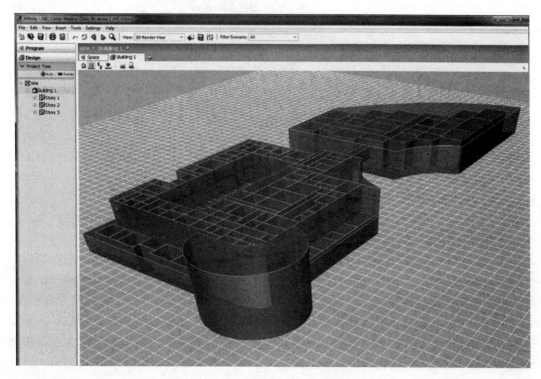

图 5-8　Trelligence Affinity BIM 用户界面

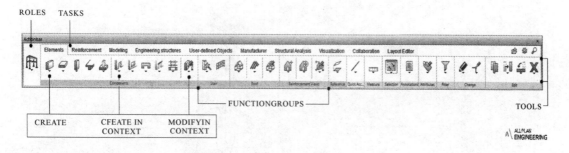

图 5-9　Allplan Architecture 用户界面

3. Graphisoft 系列

Graphisoft 是一家匈牙利的建筑设计软件开发公司，其产品包括 ArchiCAD、BIMx、MEP Modeler、EcoDesigner 等，作为最早实践 BIM 的软件公司之一，其产品拥有大量的用户。ArchiCAD（图 5-10）是最早的 BIM 软件之一，可用于建筑及其内外环境的整个设计过程。ArchiCAD 的扩展模块中有 MEP、ECO（能耗分析）及 Atlantis 渲染插件等，支持大型复杂的模型创建，可以生成复杂模型细节。ArchiCAD 相对轻巧，对硬件方面的要求较低，在处理大型项目时较有优势。EcoDesigner 可以将 ArchiCAD 的建筑信息模型转化为多热区的建筑能量模型，为高能效建筑设计服务。BIMx 为 Graphisoft 开发的移动端应用，可以使用其随时查看项目的 2D 与 3D 模型。

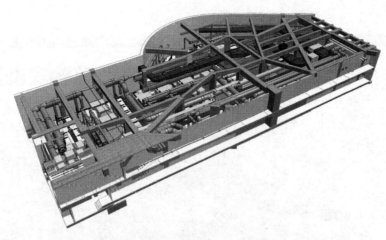

图 5-10   ArchiCAD 模型

4. SAP2000

从简单的二维框架静力分析到复杂的三维非线性动力分析，SAP2000 是通用结构分析与设计软件（图 5-11）。SAP2000 三维图形环境中提供了多种建模、分析和设计选项，且完全在一个集成的图形界面内实现。集成化的设计规范能够自动生成风荷载、波浪荷载、桥梁荷载、地震荷载，能够用中国规范、美国规范及其他主要国际规范对复杂的钢结构和混凝土结构进行自动化的设计和校核。

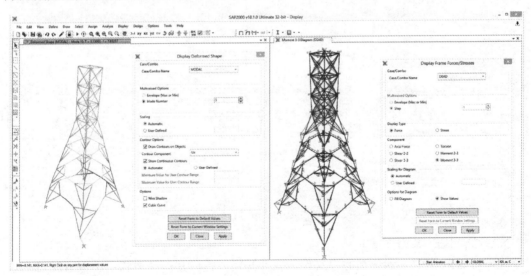

图 5-11   SAP2000 案例

5. Tekla

Tekla Structures 由芬兰 Tekla 公司开发的钢结构 3D 立体建模的专业软件，软件涵盖概念设计、细部结合设计、制造、组装等整个设计流程（图 5-12）。Tekla 支持通过开放 BIM 方法进行协作和整合，让信息有效的传递，不仅可以让信息从设计流向施工现场，还可以让建筑师、工程师和承包商可以共享及协调项目信息。Tekla 与主流的机械自动化系统都有整合，与项目管理应用有接口。

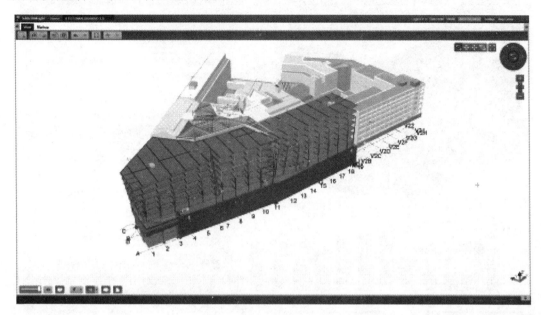

图 5-12　Tekla 用户界面

6. DDS-CAD

DDS-CAD 是一个针对 MEP 工程师的开放式 BIM 平台，可以为电力、管道、供热，通风、空调和光伏系统提供解决方案，并且所有 DDS-CAD 产品均支持 IFC 格式（图 5-13）。

图 5-13　DDS-CAD 建筑模型

7. DProfiler

DESTINI Profiler 是一款 3D 概念建模和成本估算软件（图 5-14）。使用 DProfiler 可以较早地分析规划和早期设计阶段的设计方案，精确显示各种方案的成本，降低业主、建筑师和承包商之间各自估算成本的差距。除此之外，还可以评估项目实施的阶段规划和能源消耗等。

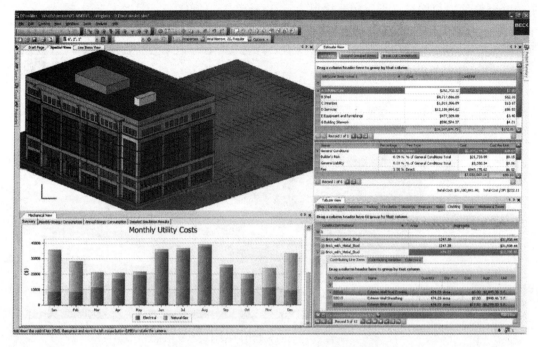

图 5-14   DESTINI Profiler 用户界面

8. ETABS

ETABS 是建筑结构分析与设计的集成化环境（图 5-15），利用图形化界面建立建筑结构实体模型对象，通过有限元模型和自定义标准规范接口技术来进行结构分析与设计。ETABS 使用 SAPFire 求解器使得大型和复杂模型能够快速进行分析，并支持非线性建模技术，例如施工顺序加载和时间效应（比如徐变和收缩）。ETABS 设计支持的结构类型包括：钢框架和混凝土框架、组合梁、组合柱、钢交错桁架、混凝土和砌体剪力墙，而且对钢结构连接和底板可以进行承载力校核。对所有分析和设计结果都可以生成可定制的输

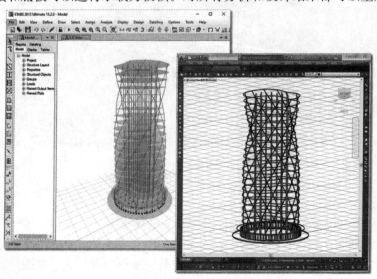

图 5-15   ETABS 案例

出报告，生成混凝土结构和钢结构的施工详图，包括平面布置图、表单、详图、剖面图等。

9. Innovaya Suite

Innovaya Suite 软件目标是基于 BIM 技术，整合现有的应用程序，简化流程，使项目设计和工程管理过程高度自动化。例如，Innovaya 可以导入 Autodesk Architectural 和 Revit 对象，将建筑模型交给 Innovaya Visual BIM、Innovaya Visual Quantity Takeoff、Innovaya Visual Estimating、Innovaya Design Estimating、Innovaya Visual 4D Simulation（图 5-16）等下游应用程序，提供设计交付、沟通、项目简报功能，再输出工程量到 MS Excel，以及使用 Sage Timberline 进行成本和进度估算，数据可以在应用程序之间无缝共享。Innovaya 旨在充分利用 BIM 改变专业人员开展业务的方式，提高设计师、建筑商和客户之间的沟通效率。

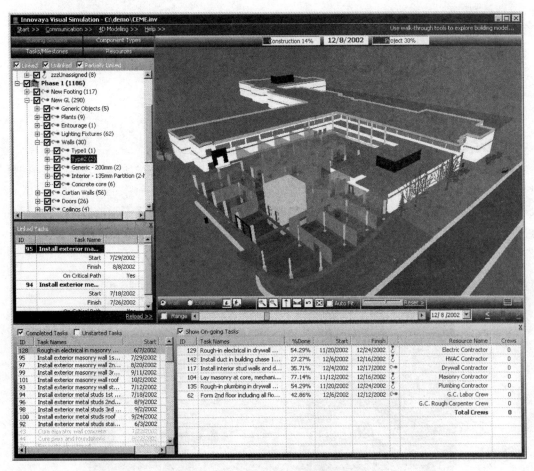

图 5-16　Innovaya Visual 4D Simulation

10. ONUMA system

ONUMA 是一个设计、规划和管理等多专业的 BIM 管理系统。在建筑方面，ONU-MA 使用 BIM 进行设计和施工，可连接到 Revit、SketchUp、Google Earth、Excel 等应用程序。在规划方面，ONUMA 可以快速规划新设施或改造现有设施，连接 BIM 与利益

相关方，并链接到所有者的数据。ONUMA 可以在网页端、iPad、手机端使用并访问
BIM 模型（图 5-17）。

图 5-17　多个平台上的 ONUMA system

11. SDS/2

　　SDS/2 是一款钢结构辅助设计加工软件，主要用于钢结构 BIM 建模和进行钢结构机械加工。SDS/2 Detailing 帮助工程师完成节点细部模型设计工作（图 5-18），SDS/2 Concrete 提供自动化生成混凝土钢筋详图的工具，SDS/2 BIM 通过全程协调的方法提高项目经理与设计师、钢构厂商的沟通效率，SDS/2 Erector 为钢结构吊装提供管理工具，SDS/2 Fabricating 专门为钢结构加工提供专业解决方案。

图 5-18　SDS/2 节点细部模型

12. Solibri Suite

Solibri 系列软件主要用于 BIM 模型的查看和检查（图 5-19）。Solibri Model Checker

可以进行设计评审、分析和代码检查，检查 BIM 文件是否符合相关规范，并将发现的问题标出并报告。Solibri Model Viewer 是模型浏览器，可以查看 IFC 格式的模型，支持大多数主流 BIM 软件。Solibri IFC Optimizer 可以优化 IFC 文件，减少 IFC 文件的大小以供查看或分发传输。

图 5-19　Solibri Model Viewer 用户界面

13. 3D3S

3D3S 是一款基于 AutoCAD 开发的国产结构设计软件，可以用于结构设计建模、结构分析、数字建造等方面，进行大型复杂钢结构的施工过程分析，并支持参数化建模（图 5-20）。3D3S 支持从 SAP2000、Midas、ETABS 等平台导入模型数据，也可以将 3D3S 创

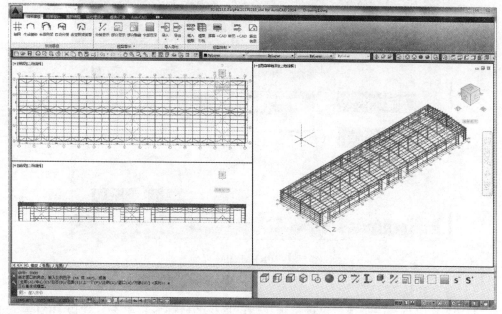

图 5-20　3D3S 用户界面

建的模型和数据导出到 SAP2000、Midas、ETABS、ANSYS、Abaqus、Revit 等多种平台。3D3S 可以套用国家及行业标准，并快速生成计算报告等文件，通过 IFC 格式文件，完成专业模型信息的自动集成，提高协同设计的工作效率。3D3S 的实体建造系统可以实现结构整体可视化的全三维实体建模，同时包含钢构节点的设计及三维模型拼接和基于三维实体模型的图纸自动绘制功能。

3D3S 的高级分析模块包含线性稳定分析、非线性分析、动力时程分析、施工过程分析等。其中，施工过程分析模块能够模拟各个施工阶段的施工动作，进行施工过程计算，适用于大型复杂钢结构、多高层钢结构和桥梁钢结构的施工过程分析。3D3S 拥有轻型门式钢架结构模块、多高层结构模块、钢管桁架结构模块、网架网壳结构模块、塔架模块、玻璃幕墙结构模块、索膜结构模块、人字柱变电构架集成设计模块等，针对相应的结构类型，实现了快速建模、内力分析、设计验算、节点验算、后处理、施工图绘制等一整套设计流程，可以快速高效的完成相应工作。

14. PKPM

PKPM 是一款由中国建筑科学研究院开发的集建筑、结构、设备（给水排水、采暖、通风空调、电气）设计于一体的系列 CAD 软件，还包括建筑概预算（钢筋计算、工程量计算、工程计价）、施工（投标系列、安全计算系列、施工技术系列）、施工企业信息化等软件。

为了适应装配式的设计要求，PKPM 编制了装配式建筑设计软件 PKPM-PC，包含了两部分内容：第一部分为结构分析，在 PKPM 传统结构软件中，实现了装配式结构整体分析及相关内力调整、连接设计等功能；第二部分，在 BIM 平台下实现了装配式建筑的精细化设计，包括预制构件库的建立、三维拆分与预拼装、碰撞检查、预制率统计、构件加工详图、材料统计、BIM 数据接力到生产加工设备（图 5-21）。

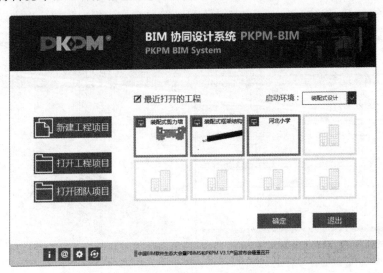

图 5-21　PKPM-BIM 界面

15. 广联达软件

广联达 BIM 5D 为工程项目提供可视化、可量化的协同管理平台。它以 BIM 平台为核心，集成土建、机电、钢构、幕墙等各专业模型，关联施工过程中的进度、合同、成本、质量、安全、图纸、物料等信息，利用 BIM 模型的形象直观、可计算分析的特性，为项目的进度、成本管控、物料管理等提供数据支撑，协助管理人员有效决策和精细管理，从而达到减少施工变更、缩短工期、控制成本、提升质量的目的（图 5-22）。

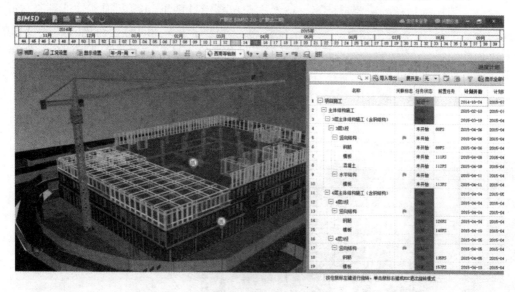

图 5-22　广联达 BIM 5D 界面

16. 理正软件

理正岩土 BIM 集成展示软件可读入理正地质三维标准格式，对地面、地下水、三维地层、各种结构物等进行多种方式的可视化展现与开挖剖切；同时可整合其他 BIM 软件生成的建筑、基坑、道路、桥梁、隧道等 BIM 模型，对模型进一步分类整理、添加属性，以满足方案交流、成果汇报、施工模拟等场合的要求（图 5-23）。

图 5-23　理正 BIM 集成展示平台

17. 鲁班软件

鲁班软件 BIM 解决方案包含业主方和施工方两部分。业主方 BIM 解决方案通过鲁班 BIM 服务和软件系统，建立与工程项目管理密切相关的基础数据支撑和技术支撑，使项目各参加方都在 BIM 平台上管理共享数据，提升项目协同管理效率。基础数据包括实物量、价格、消耗量指标、清单定额等，技术支撑包括设计图纸问题发现、管线综合优化、碰撞检查（图 5-24）、施工指导、质量安全管理、进度管理等。同时，在项目建造过程中不断维护和完善 BIM 模型，在项目建成后形成物业运维模型。施工方 BIM 解决方案通过权限设置，使施工企业的管理层、各条线和各岗位的人员都能通过相应的客户端获取模型信息，协助管理决策，最大化 BIM 模型的价值。

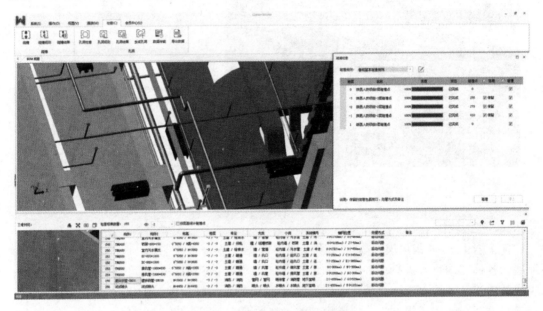

图 5-24　鲁班集成应用-碰撞检查

5.2.3　BIM 软件功能汇总

根据 BIM 软件是否支持在建筑全生命周期各个阶段的应用，将以上介绍的 BIM 软件予以汇总，如表 5-1 所示。

常见 BIM 软件功能汇总表　　　　　　　　　　　　　　　　　表 5-1

软件名称	全生命周期中的阶段应用															
	规划阶段				设计阶段						施工阶段				运营维护阶段			
	场地分析	阶段规划	投资估算	方案论证	设计建模	结构分析	能源分析	照明分析	其他分析	3D 审图与协调	数字化建造	施工规划	施工模拟	竣工模型	维护计划	空间管理	资产管理	防灾规划
Autodesk 系列	√	√	√	√	√	√	√		√		√	√	√	√				√
Bentley 系列	√			√	√	√	√		√	√	√	√	√	√	√	√		√

续表

软件名称	全生命周期中的阶段应用																	
	规划阶段				设计阶段						施工阶段				运营维护阶段			
	场地分析	阶段规划	投资估算	方案论证	设计建模	结构分析	能源分析	照明分析	其他分析	3D审图与协调	数字化建造	施工规划	施工模拟	竣工模型	维护计划	空间管理	资产管理	防灾规划
CATIA					✓			✓										
Affinity	✓			✓	✓													
Allplan			✓		✓											✓	✓	
Graphisoft 系列					✓		✓	✓						✓				
SAP2000					✓	✓												
Tekla					✓	✓				✓	✓							
DDS-CAD																		
DProfiler	✓	✓			✓		✓											
ETABS					✓	✓												
Innovaya Suite			✓										✓					✓
ONUMA system				✓	✓					✓								
SDS/2					✓	✓					✓							
Solibri Suite									✓	✓						✓		
3D3S					✓	✓							✓					
PKPM					✓	✓	✓	✓	✓									
广联达软件		✓	✓															
理正软件	✓		✓		✓		✓											
鲁班软件			✓										✓					

5.3　BIM 建模

　　本节以 Revit 软件为工具，以房屋、桥梁和隧道为对象，介绍 BIM 建模实例，目的是对 BIM 软件的建模方法和过程有一个基本了解，为更加复杂的工程结构对象 BIM 建模奠定基础。

　　Revit 等 BIM 软件与传统二维设计方法的区别主要在于参数化建模与图元行为。参数化建模是指项目中图元之间的关系可实现协调和变更管理。例如，假设门与相邻隔墙之间为固定尺寸，如果移动了该隔墙，门与隔墙的这种关系仍保持不变；再如楼板的边与外墙相连接，当移动外墙时，楼板仍保持与外墙之间的连接，此时参数是一种关联或连接；还有，假设钢筋贯穿给定图元并按等间距放置，修改了图元的尺寸后，钢筋长度和数量将能够自动调整，以保持贯穿和等间距关系不变。

　　图元在 Revit 中也称为族，包含图元的几何定义和所使用的参数，图元的每个实例都由族定义和控制。图元分为模型图元、基准图元、视图专有图元。模型图元是指建筑的实际三维几何图形，例如墙、窗、门、楼板、坡道、水槽、锅炉、风管、喷水装置和配电盘等；基准图元用于定义项目上下文，轴网、标高和参照平面都是基准图元；视图专有图元只显示在放置这些图元的视图中，它们可帮助对模型进行描述或归档，例如尺寸标注是视图专有图元。

Revit 图元的分类及其之间的关系如图 5-25 所示。放置在图纸中的图元都是某个族类型的一个实例，图元具有类型属性和实例属性。类型属性是指一个族中的所有图元共用的属性，而且特定族类型的所有实例的每个属性都具有相同的值，修改类型属性的值会影响该族类型当前和将来的所有实例；实例属性属于特定的图元，修改实例属性的值将只影响选择集内的图元或者将要放置的图元。

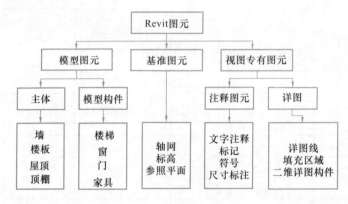

图 5-25　Revit 图元

类别、族、类型之间的关系如图 5-26 所示。类别是一组图元的总称，族是某一类别的图元，每一个族都可以拥有多个类型。类型可以是族的特定尺寸，例如 30" ×42" 或 A0 标题栏，类型也可以是样式，例如尺寸标注的默认对齐样式或默认角度样式。

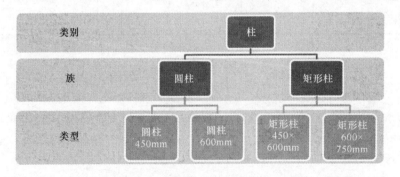

图 5-26　类别、族与类型的关系

Revit 软件对房屋建模自带丰富的建筑模型族库，然而自带的模型族库尚不能满足桥梁和隧道等结构建模需要，因此在利用 Revit 软件中经常还需要建立自定义族模型，以满足不同的建模功能需求。自定义族模型的创建方法包括拉伸、融合、旋转、放样，以及放样融合，如图 5-27 所示。

拉伸是将 X-Y 平面上的图形沿 Z 方向拉伸，形成三维几何实体。融合是将位于两平

拉伸 融合 旋转 放样 放样
融合

图 5-27 创建族模型基本方法

行平面上不同形状的图形融合，成为一个实体。旋转是将一个平面图形绕空间中的一个轴线旋转一定的角度形成实体。放样是将一个平面图形沿放样路径拉伸，形成三维实体。放样融合与放样相似，区别在于放样融合需要在放样路径的端点处绘制两个不同的图形，然后形成在放样路径中将两个图形融合的几何实体。

5.3.1 房 屋 建 模

本案例以一栋二层建筑物为例，利用 Revit 软件介绍其三维建模方法，并结合该软件的功能，详细介绍生成明细表和二维辅助出图的方法。建模成果如图 5-28 所示。

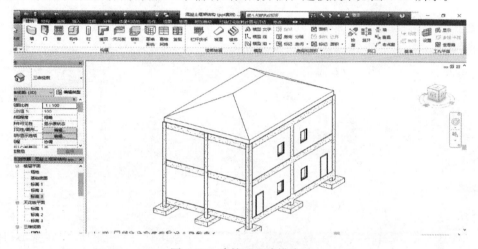

图 5-28 建筑工程建模成果

5.3.2 桥 梁 建 模

本案例以单跨简支梁桥为例，将桥梁分成上部结构和下部结构两个大的类别，结合 Revit 族文件功能，介绍建立族文件的方法以及如何利用 Revit 建立常见基本桥型。其中下部结构族文件又包含承台、桩基、墩身、托盘、顶帽、支座，完成上下部结构族文件的建模之后，新建项目文件，将新建的族文件导入，在项目文件中组装为全桥模型（图 5-29）。

图 5-29 桥梁工程建模成果

5.3.3 隧 道 建 模

本案例以岩石隧道为例，利用 Revit 软件介绍其三维建模方法，隧道的断面形式如图 5-30 所示。

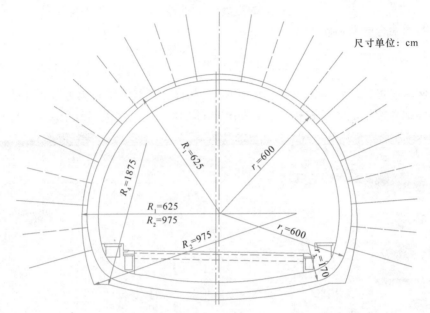

图 5-30 山岭隧道断面设计图

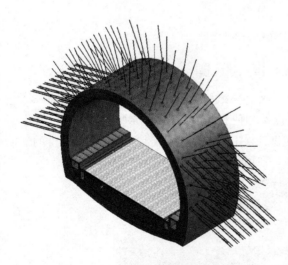

图 5-31 岩石隧道结构单元模型

Revit 软件自带的模型族库不包含隧道工程中的支护结构、防排水系统、路面结构等，因此需要建立隧道构件的族模型，本案例以衬砌、锚杆、钢拱架与路面结构拼装为例，结合族模型的创建，介绍其建模方法。由于隧道工程的线性特征，其轴线为空间三维曲线，沿轴线直接放样较为困难，可以将隧道轴线离散为轴线点，将隧道划分为基本单元，并将基本构件在 Revit 项目文件中组合，得到图 5-31 所示的隧道结构单元模型。通过对基本单元模型的拼接，可得到完整的隧道 BIM 模型。

上述建模思想不局限于 Revit 软件中实现，也可以在例如 Unity3D 软件中通过编程实现，例如图 5-32～图 5-35 所示，在 Unity3D 中将隧道单元模型沿着隧道轴线拼接，并根据观察者视角与模型的距离调用不同精细程度的模型单元，由此得到完整的隧道模型。

图 5-32　LOD100 隧道结构模型

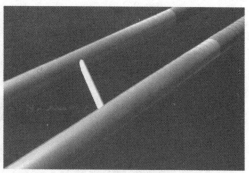

图 5-33　LOD200 隧道结构模型

图 5-34　LOD300 隧道结构模型

图 5-35　特殊段隧道接头模型

5.4　BIM 应用案例

1. 天津周大福金融中心

天津周大福金融中心位于天津市滨海新区，由中国建筑第八工程局有限公司承建，高530m，地上部分共 100 层，地下 4 层，总建筑面积 39 万 m² （图 5-36）。

超高层建筑的建造过程很难用传统的方法来控制，主塔还需要在其 39 万 m² 的总建筑面积内提供多种用途的空间，包括商业、办公室、300 套豪华公寓和一家拥有 350 间客房的五星级酒店。这需要超过 100 种不同类型的电气、机械和管道系统，都需要与建筑和结构结合。另外，建筑物的规模并不是唯一的挑战。主塔的独特设计带有起伏的形式和扭曲的曲线。在其他建筑中，这些曲线常常为幕墙，但是在天津周大福金融中心中，这些曲线并不是幕墙，而是真正的结构构件。除了其高度和复杂性外，天津周大福金融中心项目还旨在满足 LEED 全球绿色建筑认证标准。

中国建筑第八工程局有限公司于 2014 年组建了跨

图 5-36　天津周大福金融中心

学科 BIM 团队，与全球设计师和国内建筑公司合作，开始对天津周大福金融中心大厦进行预构筑。该团队创建了具有 185000 个模型组件的 1000 个 BIM 模型，使用 Revit 模拟砌体面板、隔墙、管道轴、门、设备外壳以及其他组件，调整了数以万计的布局，以适应使用 Navisworks 的 MEP 系统，通过 Dynamo 为幕墙生成参数化设计模型（图 5-37）。

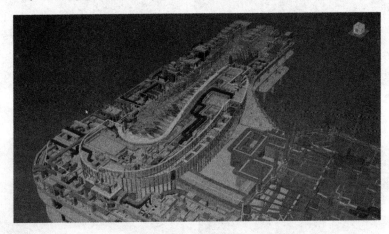

图 5-37　天津周大福金融中心 MEP 模型

为了管理大量的 BIM 数据，BIM 团队开发了"EBIM"专有云平台，以轻量化 BIM 模型，并使其可在移动设备上访问。施工团队可以使用激光扫描仪和无人机捕获的数据实时更新现场模型，并使用机器人对管道支架进行定位以进行精确安装。BIM 模型也用于设计模拟和工人安全培训的 VR 体验。

利用 Inventor 和其他机械设计软件，BIM 团队创建了模型和装配清单，用于生产幕墙、结构钢组件、管道和其他部件。在工厂中，模型数据输入到数控机床中，自动生产精确规格的构件。每个构件都标有 QR 码，以便将所有构件的信息集成到 BIM 模型中，而且可以从工厂到安装进行跟踪。为确保在施工现场组装好大型结构钢构件，他们在工厂用 3D 激光扫描仪进行扫描，使用 ReCap 软件生成模型。然后对这些模型进行分析，评估与原始规格的偏差，并更新 BIM 模型。

为了达到可持续城市环境的指导方针，项目团队从项目开始就以获得 LEED 金牌认证为目标，使用环保建筑工艺并实施绿色设计元素，其中包括高性能外墙，降低制热和制冷要求，同时最大限度地提高自然光照和视野。通过使用 BIM 模型精确制造建筑构件并预测潜在冲突，建设团队显著减少了施工期间的浪费。团队还通过在整座塔楼使用轻质材料节约资源，其中包括塔楼豪华酒店超过 2000 种装饰材料的轻量级替代品。

天津周大福金融中心 2018 年底竣工，项目获得 2017 年 Autodesk AEC 卓越建筑奖。项目完成后，建设团队把最终的 BIM 模型交给建筑物的所有者，包括 BIM LOD 500（发展水平 500）信息。LOD 500 模型反映了塔的综合竣工数据，详细信息例如零件的位置和型号。通过这种方式，BIM 模型不仅可以用于建筑过程，而且可以用于建筑物的整个生命周期。

2. 江西省委党校（江西行政学院）整体迁建项目

本项目为中共江西省委党校（江西行政学院）整体迁建项目（第二标段）工程。工程包括会议中心、学员楼（1～3 号）、餐饮中心、室外工程（绿化景观工程、室外小品雕塑）等，还包括土建（含基础）、电气、暖通、给水排水、室内外消防、电梯、装饰装修、弱电系统、防雷、人防工程等。工程总建筑面积为 49503m^2。会议中心为地下 1 层，地上 3 层框架结构；餐饮中心结构类型为地上 3 层框架结构；学员楼（1～3 号）结构类型为地上 6 层框架结构。

项目涉及全专业应用包括结构、土建、电气、暖通、给水排水、幕墙、装饰装修等多个专业单体，图纸的管理难度大，此外各单体功能复杂，各专业间错、漏、碰等现象无法避免。将 BIM 技术运用于该项目的施工全过程，实现整个施工周期的可视化模拟与可视化管理，促进沟通，减少变更，提高文档质量，改善施工规划，从而节省施工中在过程与管理问题上投入的时间与资金并有效提高施工质量。

由于建模工作量大，为了保证建模效果及保证模型质量，BIM 团队制定了建模标准，包括文件命名统一、构建类型及命名统一、管线色卡设置、明细表设置等，以便于在后期运用过程中更加便捷对项目进行管理、提高团队协作水平、提升信息化管理程度、改善规范化管理和提高劳动生产率，使用信息化管理充分提高项目的综合效益。

本项目主要应用软件为 Autodesk 公司建筑系列软件，如图 5-38 所示。

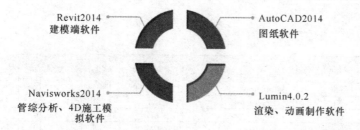

Revit2014
建模端软件
AutoCAD2014
图纸软件
Navisworks2014
管综分析、4D施工模拟软件
Lumin4.0.2
渲染、动画制作软件

图 5-38　主要应用软件

（1）项目 BIM 实施标准

由于建模工作量大，为了保证建模的效果及模型质量，BIM 团队制定了建模标准，如图 5-39～图 5-41 所示。

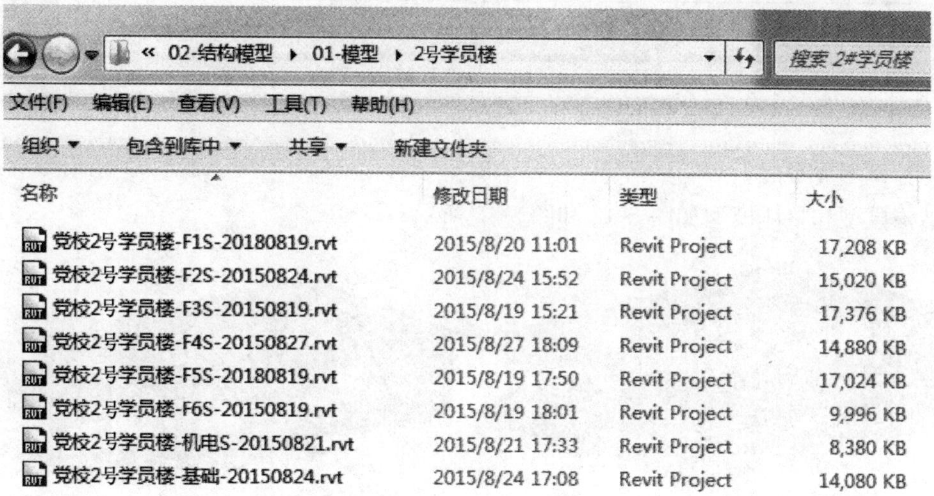

« 02-结构模型 ▸ 01-模型 ▸ 2号学员楼
搜索 2#学员楼
文件(F) 编辑(E) 查看(V) 工具(T) 帮助(H)
组织 ▾ 包含到库中 ▾ 共享 ▾ 新建文件夹
名称 修改日期 类型 大小
党校2号学员楼-F1S-20180819.rvt 2015/8/20 11:01 Revit Project 17,208 KB
党校2号学员楼-F2S-20150824.rvt 2015/8/24 15:52 Revit Project 15,020 KB
党校2号学员楼-F3S-20150819.rvt 2015/8/19 15:21 Revit Project 17,376 KB
党校2号学员楼-F4S-20150827.rvt 2015/8/27 18:09 Revit Project 14,880 KB
党校2号学员楼-F5S-20180819.rvt 2015/8/19 17:50 Revit Project 17,024 KB
党校2号学员楼-F6S-20150819.rvt 2015/8/19 18:01 Revit Project 9,996 KB
党校2号学员楼-机电S-20150821.rvt 2015/8/21 17:33 Revit Project 8,380 KB
党校2号学员楼-基础-20150824.rvt 2015/8/24 17:08 Revit Project 14,080 KB

图 5-39　文件命名规范

结构	命名				属性	构件	备注
	类型名称	实例名称					
基础	条形基础、独立基础等等	实例名称-厚mm		TJ1-800mm	结构基础	族/内建	1.内建需要把构件属性改为结构基础
承台	矩形承台(带垫层)	实例名称-长宽厚mm		CT1-800×2200×900mm	结构基础	族	1.内建需要把构件属性改为结构基础
	三角形承台(带垫层)	实例名称-厚mm		CT3-800mm	结构基础	族/内建	
垫层	垫层	使用目的-厚度mm		承台垫层-100mm	楼板	族/楼板	1.承台和地梁用族,其他特殊情况用楼板绘制
桩	圆形柱	圆形(试)桩- 直径mm-长度m		圆形(试)桩-400mm-12m	结构基础	桩	1.需要区分试桩2.注意桩需要伸入承台
结构柱	矩形柱	使用位置-实例名称-长宽mm		一层-KZ2-800×600mm	结构柱	柱/内建	
	圆形柱	使用位置-实例名称-直径mm		站厅层-KZ7-400mm	结构柱	柱/内建	1.剪切要求:柱>梁>板>墙(其中梁与板的剪切关系需与设计沟通后决定,先保持重合关系)
暗柱	暗柱	使用位置-实例名称-长宽mm		站厅夹层-AZ-400×400mm	结构柱	柱/内建	
构造柱	构造柱	使用位置-实例名称-长宽mm		一层-GZ1-400×500mm	结构柱	柱/内建	

图 5-40　构件命名规范

ID	Color	Chinese Name	Revit Category	abbreviation	Chinese Name	R	G	B	A
1	Orange	桔黄	Cabletray	CT–POWER	强电桥架	255	128	0	
2	Yellow	黄	Cabletray	CT–DATA	弱电桥架	255	255	0	
3	Green	绿	Supply Pipe	PIPE–SP	给水管	0	255	0	
4	Cyan	青	Cold Water	PIPE–CW	冷水管	0	255	255	
5	Blue	蓝	Cold/Hot Supply	PIPE–CHS	冷热水供水管	0	0	255	
6	SkyBlue	天蓝	Cold/Hot Return	PIPE–CHR	冷热水回水管	135	206	235	
7	DarkPurple	深紫	Pressure Drainage	PIPE–PD	压力排水管	128	0	128	
8	White	白	Delivery Vent	PIPE–DV	通气管	255	255	255	
9	LightGray	浅灰	Recycled Pipe	PIPE–RP	中水管	192	192	192	
10	DarkGray	深灰	Condensate Pipe	PIPE–CP	冷凝水管	128	128	128	
11	Chocolate	巧克力色	Drain Pipe	PIPE–DW	污水管	210	106	30	
12	RoseRed	玫瑰红	Waste Pipe	PIPE–WP	废水管	255	128	128	

图 5-41　管道色卡配比规范

（2）模型成果展示

结构模型和整体模型如图 5-42 和图 5-43 所示。

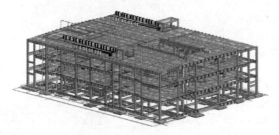

图 5-42　结构模型

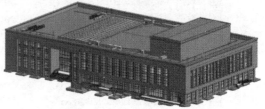

图 5-43　文体中心整体模型

（3）BIM 技术在项目中的综合应用

BIM 技术在工程中的应用主要体现在综合图纸审核、模型变更、机电管线综合与净高分析、二次结构深化、工程量统计和场地布置。

① 综合图纸审核和模型变更

根据所给定图纸，进行建筑、结构和机电的建模。再通过各专业的模型整合，核查模型并记录问题集，与项目部、设计单位进行沟通，商讨问题集，确定解决方案、优化方案，进行图纸变更，最终交付图纸，施工单位进行施工。

② 机电管线综合与净高分析

BIM 在机电方面的应用主要以碰撞检查、管线综合和净高分析为主，整合各专业BIM 模型，记录机电各专业的碰撞问题，在管线密集区域找出项目的施工难点，根据机电管线的排布原则，合理地进行管线综合。对于净高要求较高的项目，调整管线综合后需要制作净高分析报告，显示能够达到的净空高度。

首先，根据图纸进行机电各专业的三维建模，完成建模后整合机电与建筑模型，查找图纸的碰撞问题，并以问题集形式反应给设计院，如图 5-44 所示。之后，在碰撞较严重的管线密集区，进行管线综合，机电管线排布原则为"有压让无压，小管让大管，支管让总管"。管道设备敷设顺序由上而下依次为桥架、风管（通常情况下桥架应贴梁底或顶板敷设，特殊情况下桥架与风管可上下调换）、有坡度无压力的管道、给水排水等低压管道，最后安装消防喷淋管道。机电管线排布完成后以问题集的形式对所调整的管道给出详细说明，如图 5-45 所示。通过 BIM 管线优化功能，有效控制管线排布，并对特殊节点进行合理优化，为各功能空间控高要求提供数据支持，为机电设计、安装提供了技术保证。最后，考虑到安装空间和检修空间等问题，对于净高要求较高的项目，进行管线综合后需要给出净高分析报告，保证设计方案的可行性，如图 5-46 所示。同时，对机房等复杂部位进行设备管线优化，出具节点安装示意图和设备明细表，用于设备预拼装和现场施工指导，如图 5-47 所示。

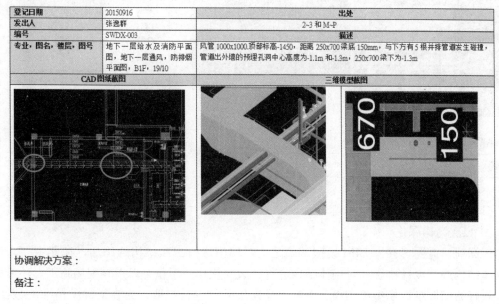

登记日期	20150916	出处	
发出人	张逸群	2-3 和 M-P	
编号	SWDX-003	描述	
专业，图名，楼层，图号	地下一层给水及消防平面图，地下一层通风，防排烟平面图，B1F，19/10	风管 1000x1000,顶部标高-1450，距离 250x700 梁底 150mm，与下方有 5 根并排管道发生碰撞，管道出外墙的预埋孔洞中心高度为-1.1m 和-1.3m，250x700 梁下为-1.3m	
CAD 图纸截图		三维模型截图	

协调解决方案：

备注：

图 5-44 碰撞检查问题集

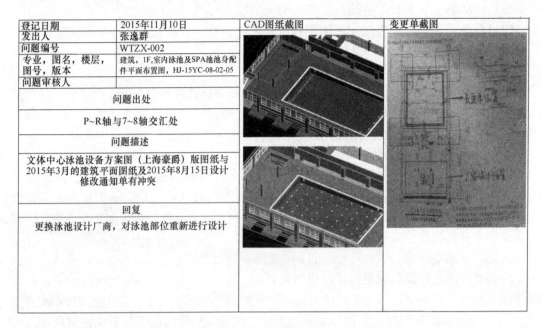

图 5-45　问题集回复

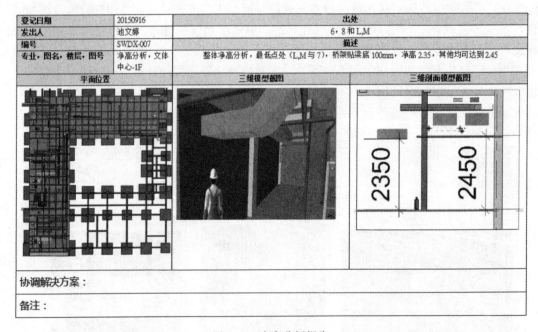

图 5-46　净高分析报告

③ 二次结构深化

根据项目需要，在原 BIM 模型基础之上对模型进行二次结构的添加，在此主要介绍对砌体结构进行设计排版。对砌体结构进行排版与优化，不仅可以指导现场施工，还可以对排版好的砌体结构模型中砌块、混凝土及模板的量进行提取，为施工提供精准的数据，便于材料采购和成本核算。

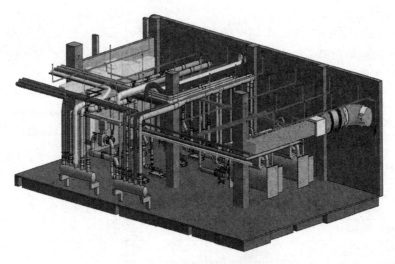

图 5-47　机房机电设备布置图

　　砌体结构施工前，进行 BIM 模型的砌体结构排版不仅能够避免不必要的返工，降低成本，提高施工效率和工程质量，同时也达到了墙面排列美观的效果。砌体结构施工过程中，BIM 模型跟进现场施工，有助于施工质量问题的暴露，并可以及时辅助现场进行纠错或返工，对现场施工进行动态管理，及时对砌体工程进行质量把控。BIM 建模软件通过排版后的砌体结构模型可以准确地统计工程量，生成准确的砌块需求量。还可以通过明细表的共享参数功能对碎砖进行编码，自动生成砌体结构下料单，准确完成对砌块具体采购数量的估算，指导现场施工。根据《砌体结构设计规范》，进行 BIM 模型的创建，有过梁的墙体还要避免砌块与过梁上下对缝情况的出现。模型完成后，在满足规范要求的条件下，优化设计方案，降低裁砖量，提高砌块利用率，最后对排版后模型进行标注出图，指导现场施工，如图 5-48 所示。

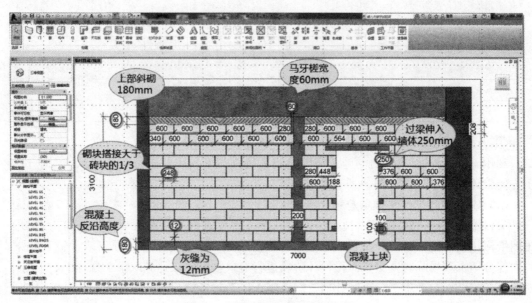

图 5-48　BIM 排砖模型排版出图

④ 工程量统计

利用 Revit 软件进行工程量自动统计，可以解决手动提取需要花费的大量人力的问题，同时也可以减小误差。如表 5-2 所示为部分瓷砖工程量统计表，将建好瓷砖排版模型直接导出瓷砖工程量统计表，指导现场采购及施工。

餐饮中心屋面地砖明细表   表 5-2

族与类型	宽度（mm）	高度（mm）	面积（cm²）	合计
系统嵌板：蓝色地砖	200	112	224.10	10
系统嵌板：蓝色地砖	200	113	226.24	4
系统嵌板：蓝色地砖	200	127	253.77	3
系统嵌板：蓝色地砖	200	129	257.59	20
系统嵌板：蓝色地砖	200	129	257.60	138
系统嵌板：蓝色地砖	200	170	339.36	78
系统嵌板：蓝色地砖	200	179	357.51	2
系统嵌板：蓝色地砖	200	200	399.94	82
系统嵌板：蓝色地砖	200	200	399.99	31
系统嵌板：蓝色地砖	200	200	400.00	7596
系统嵌板：蓝色地砖	200	200	400.06	82
系统嵌板：黄色地砖	200	92	184.00	602
系统嵌板：黄色地砖	200	200	399.20	2
系统嵌板：黄色地砖	200	200	400.00	602
系统嵌板：黄色地砖	203	92	186.94	2
系统嵌板：黄色地砖	203	92	186.96	1
系统嵌板：黄色地砖	203	200	406.40	2
系统嵌板：黄色地砖	206	92	189.89	5
系统嵌板：黄色地砖	206	92	189.90	5
系统嵌板：黄色地砖	206	200	412.80	5
系统嵌板：黄色地砖	238	92	218.96	2
系统嵌板：黄色地砖	238	200	476.00	2
总计：				9276

⑤ 场地布置

利用 BIM 软件，对项目的施工场地及竣工场地做布置，并进行漫游浏览，使项目施工方能整体把握项目，如图 5-49 所示。

（4）BIM 应用的经济效益总结

项目施工过程中运用 BIM 技术，通过三维可视化进行二维图纸审核与校验，并为二维图纸深化设计提供帮助；基于三维模型对施工重点难点进行模拟，预先拟定施工方案，将大部分施工现场临时变更在深化设计阶段进行有效消除，以达到减少工程返工、缩短工期的目标，做到精确施工、精确计划、绿色施工、节约造价、提升综合效益。除此之外还帮助现场施工调整施工作业方式，减少施工过程中的错、漏、碰、撞，提高了一次安装成

图 5-49 施工场地布置图

功率，减少返工，为施工方案优化、施工组织设计优化提供了科学依据。

3. 南宁市快速路立交工程

南宁市城市东西—南北向快速路立交工程（图 5-50）设计为枢纽型互通立交，以桥梁形式为主，地道和路基形式为辅，与云桂高铁相交处均采用地道形式通过，立交最高处为三层，与地面高差约 18.5m。东西向快速路与南北向快速路为双向六车道，道路等级为城市快速路；匝道为双车道（单车道出入口）；地面道路为城市次干路，双向四车道。

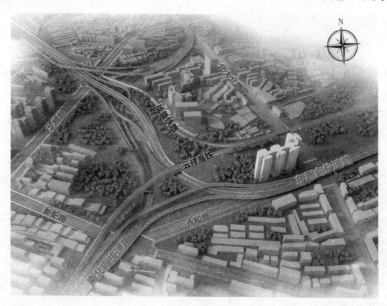

图 5-50 项目鸟瞰图

作为解决大城市交通问题的基础设施项目，南宁东西—南北向快速路立交工程非常具有代表性。首先它是城市骨架路网上高等级道路的全互通立交；其次，它位于城市中心位置，周边地面地下环境复杂，包含火车站、高铁、油库、住宅和地下管网等；同时，本工程涉及的专业领域众多，有交通工程、道路工程、桥梁工程、隧道工程、排水工程、照明绿化等附属工程。可见，本工程的建设条件和工程方案均较为复杂，采用传统的设计方法在空间关系的表达上存在困难，对设计人员的空间思维能力要求较高。基于 BIM 技术的协同设计，设计人员可以在整合了所有周边环境因素的场景中进行设计，可以直观地考虑到现场的制约条件，随时获取最新的设计信息，提高工作效率，提升设计质量。

工程从可行性研究阶段到施工图设计阶段，全过程应用 BIM 技术，通过共享的工作模式，使各专业在同一个中心文件下工作。从工可阶段创建 BIM 模型开始，不断深化 BIM 模型，并对不同软件创建的 BIM 模型进行整合。整合的模型可以导出到各个性能分析软件中进行各项分析，最后施工图阶段的 BIM 模型可以应用到施工阶段指导施工，具体的技术路线如图 5-51 所示。

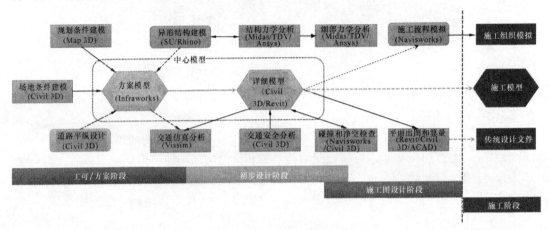

图 5-51　技术路线图

通过全面分析项目的特点，BIM 团队和设计团队共同确定了工程不同阶段 BIM 应用点。

（1）工程可行性研究阶段

① 基于道路曲线的桥梁结构建模方法

桥梁结构的三维设计是阻碍道桥项目 BIM 应用的难题之一，这是因为一方面桥梁结构所依附的道路中心线都是空间曲线，另一方面当道路变宽时，桥梁结构的边线和道路中心线变化规律不同，使得一般的建模软件难以完成桥梁结构的设计。通过将 Civil 3D、Dynamo、Revit 的各项功能相互结合，解决了这一建模难题，可以实现上部结构沿曲线自动放样、下部结构桥墩根据桩号自动布置、桥墩高度可以根据梁底到地面的距离自动计算。基于相同的思路，还可以实现预制装配式桥梁、桥梁附属结构、路面标志标线的快速建模（图 5-52）。

② 三维立体模型方案比选

在工可阶段利用方案模型进行不同方案比较和决策。BIM 技术完整地展示了三个方案的技术特点（图 5-53），使其更容易被专家、业主和公众所理解，例如专家关心线形和对铁路的影响，业主则关心用地面积，而公众更关心拆迁问题。BIM 技术的应用解决了专业人士与非专业人士之间的沟通问题，在设计初期就能直观真实地展现方案建成后对现有环境的影响，提高了方案决策的科学性。

③ 三维场景虚拟漫游

BIM 模型建成后，模型可以用于项目展示和基于模型的虚拟漫游（图 5-54）。业主、专家、公众可以通过在模型中查看、漫游、行走等操作来了解自己所关心的内容，真实地了解工程全貌和工程细节。

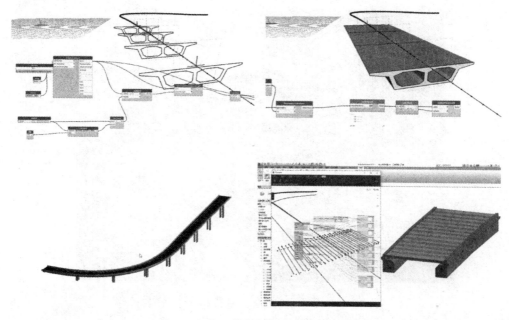

图 5-52 基于道路曲线的桥梁快速建模

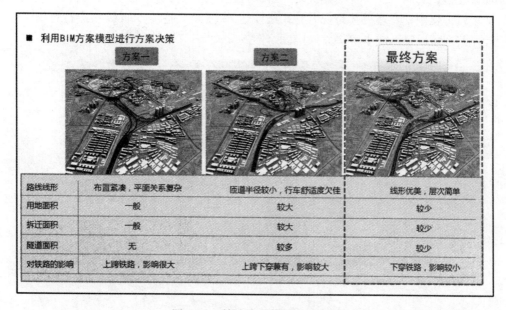

图 5-53 利用 BIM 模型方案比选

虚拟漫游的交互操作性较强，画面质量较高，真实性较强。其本身的三维立体的呈现方式可以辅助技术交底，有利于各方协同，避免在项目实施过程中因沟通不畅产生的矛盾和冲突。

（2）初步设计阶段

① 全专业综合协调

在老城区进行工程建设不可避免地会遇到新建结构与原有地下管线碰撞的问题，这成为在老城区复杂的地下管网环境下进行设计的一大挑战。通过 BIM 设计可以完成地面和

图 5-54　三维场景展示

地下环境建模，利用碰撞检查功能发现和解决问题，有效地减少施工阶段的设计变更。在本立交项目工程中，发现桩基与现有管线碰撞达 70 多处，通过 BIM 模型进行管线搬迁方案设计，实现了以最低成本解决碰撞问题（图 5-55）。

图 5-55　新建结构与地下管网的碰撞检测

② 基于 BIM 的工程优化设计

基础设施投资巨大，如何才能找到更优化的设计方案？BIM 技术的采用可以为工程优化设计提供帮助。在这种大型互通式立交设计中，需要避免过大的道路净空所带来的工程浪费，但是多层立交复杂的道路关系让传统设计方法在控制净空时变得十分困难。基于 BIM 技术，可以让设计人员更加容易地进行分析和判断。通过对整个立交所有立体交叉道路进行净空分析检查，调整优化净空富余较大道路的纵断面，减少了过大道路净空所造成的工程浪费。例如 WN 匝道，跨越交叉道路的 A 点和 B 点设计高程的平均净空分别降低了 4.13m 和 1.42m，如图 5-56 所示。

图 5-56　匝道节点净空优化

③ 基于 BIM 的交通仿真

当前道桥项目的设计主要基于设计规范和工程经验，但是城市交通问题十分复杂，传统经验设计法往往落后于实际需求，而基于 BIM 模型的交通仿真分析则避免了经验设计法的不足。在本项目中，通过仿真分析发现某些匝道的长度即便满足了规范但还是会出现拥堵的情况，反过来无限制地增加车道长度又会造成工程浪费。图 5-57 展示了此分析过程和结果。所以，将建立好的详细模型导入交通流量分析工具，通过仿真分析逐个解决每一处匝道、每一个交叉口的设计问题，如此可以避免经验设计法有可能产生的交通拥堵问

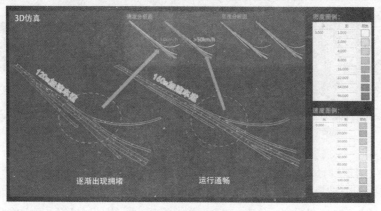

图 5-57　交通流仿真分析

题，同时也不会盲目地增加工程投资。

④ 基于 BIM 的交通安全分析

交通安全也是设计阶段必须考虑的重要问题。在道路上行驶的车辆，视距是影响交通安全的重要指标，二维分析方法不仅效率低，还会忽略可能存在的安全问题，而基于 BIM 模型的视距分析，可以高效、准确地发现并解决问题。图 5-58 是使用 BIM 软件分析得到的匝道停车视距分析结果。

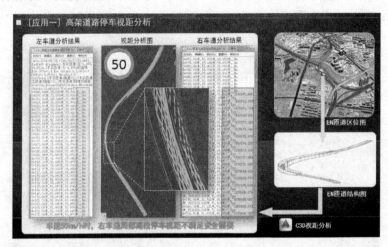

图 5-58 匝道停车视距分析

⑤ 基于 BIM 的 CFD 分析

地道是市政基础设施的一个特殊组成部分，由于地道具有狭长和半封闭性的特点，通风问题是地道设计面临的主要难题之一。地道方案的实施能否达到预期的效果，与通风设计密切相关。CFD 是利用计算机来对流体的流动性质进行分析的工具，基于 BIM 技术对地道进行 CFD 分析，能够直观地对模拟的最终效果进行展示，同时通过分析优化风机空间布置，可以提高地道通风性能（图 5-59）。

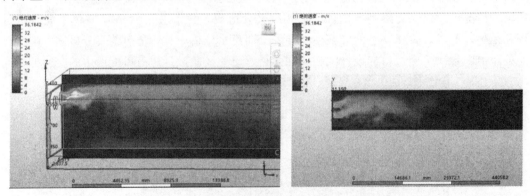

图 5-59 地道内风速变化图

⑥ 桥梁结构辅助计算

通过将 BIM 模型导入相应的计算分析软件，得到桥梁结构的计算模型，省去了重复建模的过程（图 5-60）。同时，基于 BIM 的参数化特性，在设计阶段可以根据计算结果方便地调整 BIM 模型参数重新计算，直至得到满足结构性能要求的设计结果，提高了工作效率。

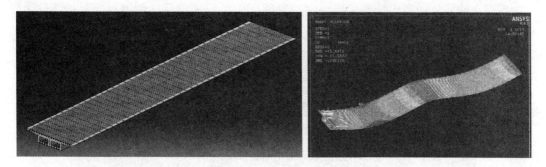

图 5-60　桥梁结构辅助计算

（3）施工图设计阶段

① 桥梁构件精细化建模与设计优化

对桥梁构件进行精细化建模，准确计入了钢筋、预应力等信息。高精度的模型可以优化设计，提前解决因设计不合理导致的施工问题，指导施工作业，提高设计质量（图 5-61）。

图 5-61　盖梁精细化模型

② 工程量复核

BIM 模型能够提供实时、准确的材料表清单，并与设计实时联动。当设计发生变化时，工程量统计的数值也会随之变化，节省算量时间，提高算量精确度，减小误差和不必要的浪费，帮助设计人员对计算的工程量进行对比、校核，自查统计错漏（图 5-62）。

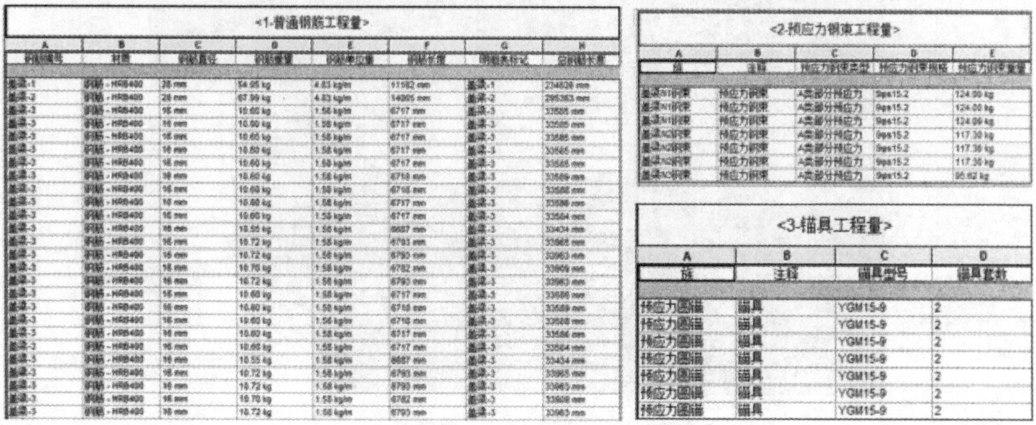

图 5-62　工程量明细表

③ 基于 BIM 模型的辅助出图

基础设施（路桥）项目全过程设计的最后一步是交付成果。由于基础设施施工企业技术水平存在差异，将模型转换为传统的二维图纸仍是目前过渡期间不可或缺的工作。图 5-63 展示了工程中桥梁和结构构造与钢筋出图。

图 5-63　桥梁和结构构造与钢筋出图

④ 施工工序模拟

老城区进行工程建设另外一个突出的问题就是建设过程中的"扰民"问题，现有的设计流程和方法往往不能全面考虑施工过程产生的影响。例如本工程中，需要对永和路上的旧桥进行拆除重建，由于永和路是一条连通南宁火车站并跨越邕江的重要通道，通过合理安排工序，保证施工期间不中断交通十分重要。本工程通过 BIM 完成了整个施工过程的模拟，并对结构方案进行了调整，降低了工程建设对公众出行的影响（图 5-64）。

图 5-64　永和路施工次序模拟

4. 上海市轨道交通 17 号线

上海市轨道交通 17 号线是一条贯穿于青浦区东西向的区域级轨道交通线，西起历史文化古镇朱家角镇（东方绿舟），东至上海虹桥枢纽，线路全长约为 35.341km，采用高架和地下结合的敷设方式，其中地下线长度约为 16.157km，高架线长度约为 18.479km，敞开段长度约为 0.705 km。

根据上海轨道交通 17 号线建设范围，制定 BIM 技术应用的建模范围，见表 5-3。

模型数据建设范围 表 5-3

序号	建模范围	模型主要内容
1	周边环境	周边地表场景、地下建构筑物、地下管线等
2	车站及附属设施	建筑、结构、环控、给水排水、动力照明、AFC、通信、信号、装修、屏蔽门、电扶梯等专业
3	区间	高架段、明挖敞开段、盾构段、旁通道、中间风井等
4	车辆基地	土建、机电设备、装修装饰等
5	独立主变	土建、机电设备、装修装饰等
6	桥梁改造	桥梁上部结构、桥梁下部结构

上海市轨道交通 17 号线 BIM 技术深度应用于项目设计、施工、运维全过程，实现基于 BIM 技术的城市轨道交通全生命期信息管理，优化设计方案和设计成果，控制施工进度，减少工期，降低成本投入，提高设计质量和施工管理水平，保障工程项目的顺利完成，同时通过在运维阶段 BIM 应用提高运维管理水平。项目以 BIM 为核心，整合应用 GIS、物联网等技术，形成合力，突破行业发展瓶颈，实现上海轨道交通行业向信息化和工业化的转型升级。

在设计阶段 BIM 应用旨在创建精确且满足应用需求的各专业三维信息模型，通过平立剖检查、场地现状仿真、冲突检测及三维管线综合、竖向净空优化、工程量复核、装修效果仿真等多个应用点优化设计方案，提高设计质量，控制项目造价。

在施工阶段 BIM 应用通过施工专项方案模拟与优化、施工进度的科学管理及竣工模型构建等多项应用点的开展，减少工期，提高施工质量，促进施工安全，控制项目造价，提高施工管理水平。

在运维阶段 BIM 应用目标在于基于建设期形成的轨道交通项目标准化 BIM 数据，整合运维过程中采集的动态数据，借助运维管理系统，实现数字化的轨道交通运维管理，提高设施设备运维管理水平和公共服务水平。

本项目主要采用的建模软件有 Revit、Civil3D、Tekla，模型整合软件有 Navisworks、Infraworks，模拟软件有 Navisworks，效果表现软件有 Lumion、Fuzor，平台软件有 ProjectWise 平台、Unity 3D。根据上海市隧道交通 17 号线工程的特点，BIM 技术的应用从初步设计阶段介入，直至项目建设期结束交付运营。梳理设计、施工各阶段 BIM 技术的主要应用点，见表 5-4。

各阶段 BIM 应用点列表   表 5-4

阶段	BIM 应用点
初步设计阶段	建筑、结构专业模型创建
	建筑结构平面、立面、剖面检查
	管线搬迁与道路翻交模拟
	场地现状仿真
施工图设计阶段	各专业模型构建
	工程量复核
	三维管线综合设计
	车站管线综合出图
	二次结构预留孔洞出图
	大型设备运输路径检查
	多专业整合与优化
	装修效果仿真
	专项设计方案配合
施工准备阶段	设备厂商族库
	施工筹划模拟
	施工深化设计
	高架车站外立面 PC 构件安装施工模拟
施工实施阶段	虚拟进度与实际进度对比
	PC 外立面三维扫描
	乘客疏散路径、司机行走路径
	竣工模型建立
运维阶段	运维管理平台开发
	设施设备运行管理
	资产管理
	空间管理

（1）初步设计阶段

① 场地现场仿真

通过场地周边环境数据、地形图、航拍图像等资料，对车站、停车场、区间穿越重要节点的周边场地及环境进行仿真建模（图 5-65），创建包括但不限于周边环境模型、车站主体轮廓和附属设施模型，可视化表现车站主体、出入口、地面建筑部分与红线、绿线、河道蓝线、高压黄线及周边建筑物等各类场地要素之间的距离关系，辅助车站主体设计方案的决策。

此外，17 号线东方绿舟站（图 5-66）还尝试了利用三维激光扫描还原车站周边环境，将 BIM 模型与点云数据进行整合，确定出入口与主要道路、绿化的距离，以三维可视化的形式展现各个方案的优缺点，协助设计及项目公司进行方案比选、整体优化及最终方案确定。

② 管线搬迁

根据管线物探资料，对车站实施范围内的市政管线现状进行仿真建模，尽量精准地表达管线截面尺寸、埋深，窨井的位置及尺寸；根据地下管线搬迁方案，建立各阶段管线搬迁方案模型（图 5-67），辅助设计方案的稳定及管线搬迁的优化。车站主体结构建成后复位的管线作为重要地下管线基础资料。

（2）施工图设计阶段

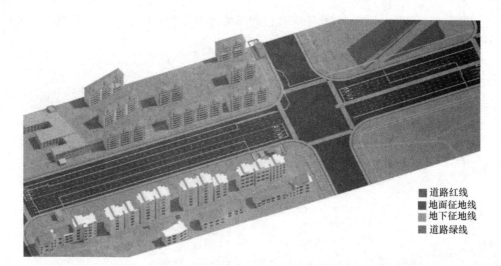

道路红线
地面征地线
地下征地线
道路绿线

图 5-65　汇金路站场地模型

(a)　　　　　　　　　　　　　　(b)

图 5-66　东方绿舟站过街天桥出入口
(a) 东方绿舟站过街天桥出入口方案；(b) 东方绿舟站最终方案

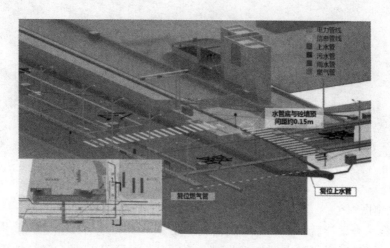

图 5-67　地下管线搬迁模型

① 钢筋建模探索

以 17 号线蟠龙路站作为试点，进行了钢筋建模的探索（图 5-68）。分别使用两款软件

（Tekla 与 Revit）进行建模，对比不同软件建模效率及工程量的准确性，为其他车站的钢筋建模提供软件选项参考。

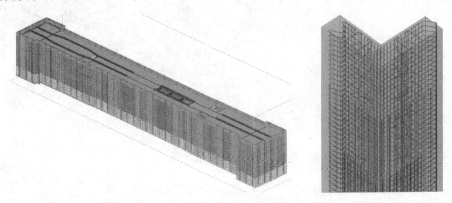

图 5-68 17 号线蟠龙路站钢筋模型

② 三维管线综合设计

17 号线探索了 BIM 融入设计流程的方式。不同于传统的碰撞检查及出碰撞报告，17 号线 BIM 工程师直接负责管线综合及碰撞调整，各专业设计负责成果审核，最终 BIM 工程师参与图纸会签，确保通过三维管线综合优化的成果通过施工图纸传递到施工阶段。这也是 BIM 工程师直接进行三维管线综合设计（图 5-69）的初次探索，发现并解决管线与结构之间、各专业管线之间的设计碰撞问题，优化管线设计方案，减少施工阶段因设计"错漏碰缺"而造成的损失和返工工作。

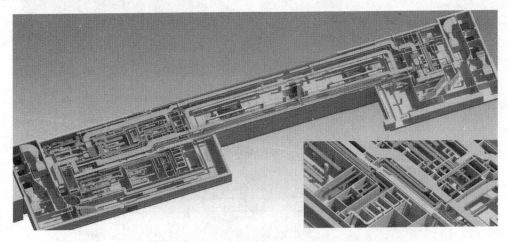

图 5-69 三维管线综合模型

③ 三维出图

完成管线综合设计后，为了提高优化成果在 BIM 与机电各专业之间的传递效率，研究并打通了三维模型到二维出图技术路线，并二次开发了 Revit 导 CAD 插件，实现导出的 CAD 图纸满足各专业设计对图纸图层的要求，机电各专业可在 BIM 模型导出的图纸基础上，深化出图（图 5-70）。

另外为确保施工现场预留孔洞的准确性，从 BIM 模型导出每面墙体的管线孔洞剖面

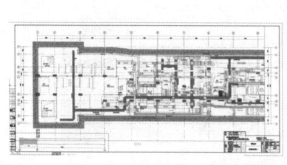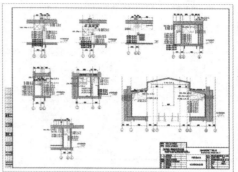

图 5-70　BIM 管线综合平面图及剖面图

图，提供二次结构图纸深度。

④ 大型设备运输路径检查

基于 BIM 模型，结合设计方案的二维运输路径平面图，动态可视化模拟大型设备的安装、检修路径，发现运输路径中存在的碰撞冲突问题（图 5-71），提前优化运输路径设计方案，从而为后续设备的运输、安装工作提供保障。

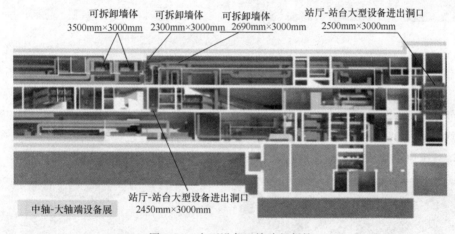

图 5-71　大型设备运输路径复核

⑤ 多专业整合与优化

基于车站 BIM 模型，将 FAS、ACS、EMCS、气灭（或高压细水雾）、信号、屏蔽门、通信、动照、给水排水 9 个专业的各墙面箱柜（设备）进行整合（图 5-72）。结合 BIM 技术对各专业墙面箱柜（设备）布置进行优化，明确安装方式及安装位置，使其满足车站功能要求、装修原则，达到墙面箱柜（设备）布置美观、整齐。

⑥ 装修效果仿真

利用 BIM 技术实现装修设计的模拟仿真，根据二维装修设计施工图创建 BIM 模型并做场景模拟，对 BIM 模型对象赋予材质信息，颜色信息以及光源信息，模拟场景效果，生成效果图（图 5-73），辅助方案沟通并优化装饰方案，提高装修设计效率。

⑦ 专项设计方案配合

根据 17 号线工程建设的实际需求，借助 BIM 模型及相应软件，对工程建设涉及的重

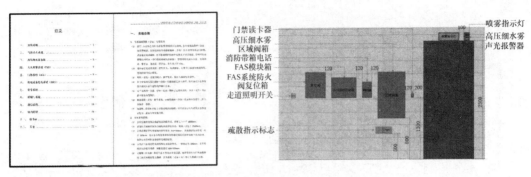

图 5-72 17 号线车站内墙面箱柜（设备）安装方案文本

图 5-73 17 号线车站装修效果仿真

要设计专项方案进行仿真模拟，可视化分析方案的可行性，辅助设计专项方案的推进、落实及优化。在车控室方案布置优化方面，通过 BIM 技术将车控室内的各设备、运营物品布置规范，设计单位、运营单位通过模型优化设备、物品的放置位置，满足设备功能要求以及运营需求。在车站公共艺术方案配合方面，将青浦区特色文化融入车站的装修风格中，通过三维可视化效果，对比各设计方案，确定最终的公共艺术方案（图 5-74）。

图 5-74 车站公共艺术方案配合

在车站内导向安装方案优化方面，为确保 17 号线车站美观性及安全性，由于高架车站层高过高，从天花顶打吊杆会使悬挂牌不稳定，易摇晃，因此采用综合支架固定安装。为考虑美观性，尽量借用原有管线综合支架。通过原有全专业 BIM 模型中的综合支吊架，添加连杆或新增综合支吊架，辅助导向安装（图 5-75）。

⑧ 设备厂商族库

待各机电设备完成招标后，17 号线率先开始了设备厂商族模型的深化工作。与设备

图 5-75 站内管线及设备颜色方案

供应商相互配合，实现设备厂商族模型按照运营养护的最小单元拆分，并添加运维所需的主要技术参数及产品实际材质参数（图 5-76）。另外，除厂商族模型外，还整理了一套完整的设备数据信息，如技术规格书、设备说明书、验收文件等资料。将这些数据存放于运维管理平台，实现模型与数据的关联，为运维阶段的基于 BIM 的运维管理平台奠定数据基础。

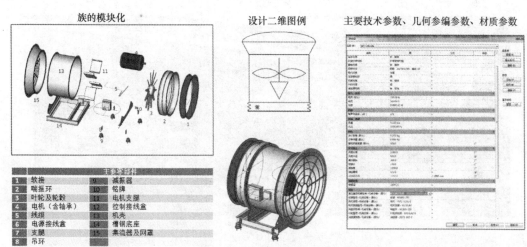

图 5-76 厂商族模型拆分、主要技术参数等

（3）施工准备阶段

① 施工筹划模拟

在施工准备阶段，根据动态工程筹划的需求对施工深化 BIM 模型进行关联完善，内容主要包括：将施工 BIM 模型与工程任务结构多级分解（WBS）信息、计划进度安排信息建立关联。在此基础上，开展施工三维动态工程筹划，如图 5-77 所示，对施工进度进行可视化模拟与对比分析，对具有一定难度或风险的施工工艺进行模拟。

② 施工深化设计

在地铁车站管线综合 BIM 模型基础上，根据管道位置、尺寸和类型对综合支吊架的放置进行深化设计与优化，可有效排除综合支吊架与各专业的碰撞问题，优化支吊架设计方案，如图 5-78 所示，减少施工阶段因设计"错漏碰缺"问题而造成的损失和返工。

此外，在施工深化设计过程中，针对一些具有重要功能的机房，如车控室、环控机

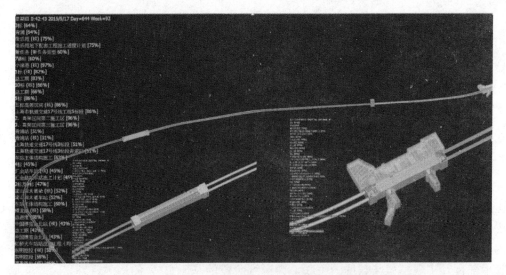

图 5-77   基于 BIM 的施工三维动态工程筹划模拟

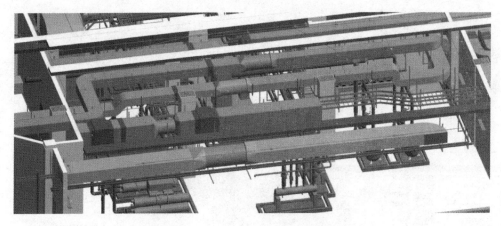

图 5-78   综合支吊架安装施工深化设计

房、消防泵房等，依据二维施工图纸，创建机房的各专业 BIM 模型，并基于该机房 BIM 模型，对机房的管线、设备布置进行深化设计，进行设备定位、复核预埋件位置等方案，最终实现机房布置合理美观，确保设备安装的操作空间及后期设备的检修、更换操作空间，同时机房深化模型可以用于指导后期施工工作和机房布置方案汇报，如图 5-79 所示。

③ 高架车站外立面 PC 构件安装施工模拟

在上海轨道交通 17 号线高架车站装修设计图纸要求，对外立面设计 PC 构件，从外面表现效果上相对较为美观。为了辅助设计提供外立面精装效果展示，创建外立面 PC 构件精细化模型（图 5-80），建立多视点三维效果图，可为最终外立面方案比选、优化等决策提供帮助。同时，为了能够实现 PC 构件精准、精确安装施工的要求，通过精细化的模型指导 PC 构件的生产及安装，同时为安装工序及施工影响范围提供有利的参考依据。

（4）施工实施阶段

① 虚拟进度与实际进度对比

在施工阶段，将施工进度计划整合进施工图 BIM 模型，形成 4D 施工模型，模拟项目

图 5-79　消防泵房施工深化模型

图 5-80　高架车站 PC 构件吊装模拟

整体施工进度安排，对工程实际施工进度情况与虚拟进度情况进行对比分析，如图 5-81 所示，检查与分析施工工序衔接及进度计划合理性，并借助施工管理平台进行项目施工进度管理，切实提供施工管理质量与水平。

　　② PC 外立面三维扫描

　　17 号线东方绿舟站、朱家角站、徐泾北城站外立面采用外挂 PC 板进行装饰，而安装 PC 挂板的结构预埋件施工误差较大，PC 板形状复杂，构件重，施工安装难度大，施工安装完成后对外挂 PC 板施工质量复核存在困难，亟需引进新技术解决当前存在的问题。为此，通过 3D 扫描技术获取东方绿舟站、朱家角站、徐泾北城站外挂 PC 板的点云数据，如图 5-82 所示。生成相应的点云模型如图 5-83 所示，与设计阶段 BIM 模型进行比对，如

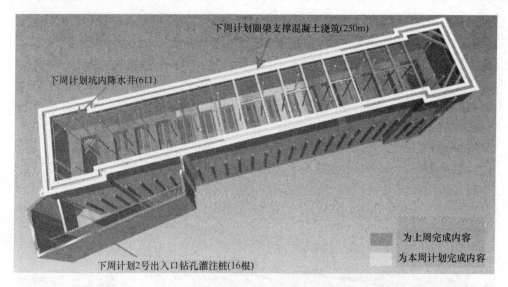

下周计划圈梁支撑混凝土浇筑(250m)

下周计划坑内降水井(6口)

下周计划2号出入口钻孔灌注桩(16根)

为上周完成内容

为本周计划完成内容

图 5-81 虚拟进度与实际进度对比分析

图 5-84 所示，辅助施工单位进行车站外挂 PC 板施工安装。在施工完成后，复核车站外挂 PC 板的施工安装质量，固化安装验收完成时的原始状态，为后期车站外挂 PC 板可能存在的扭曲变形、沉降监测等提供初始值，便于车站外挂 PC 板的维修保养。

图 5-82 高架车站外立面点云数据获取

③ 乘客疏散路径、司机行走路径模拟

由于 17 号线采用接触轨方式供电，导致无法在轨行区进行任意走动。因此，确保乘客安全疏散，以及在日交接班时司机安全行走，成为竣工交付前需要解决的重要环节。由于 BIM 模型整合了全专业信息，因此业主、设计人员、运营单位人员通过 BIM 模型，制定出每段区间、车站与区间相连接区域的疏散路径（图 5-85），直接使用 BIM 模型进行现场施工指导。

图 5-83　高架车站外立面点云模型生成

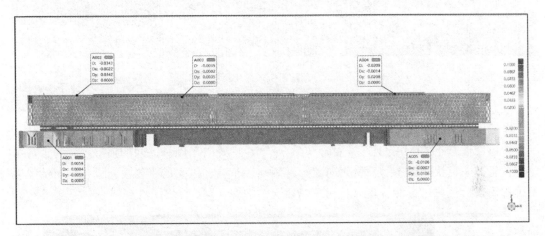

图 5-84　高架车站外立面点云模型与设计 BIM 模型点位误差比对分析

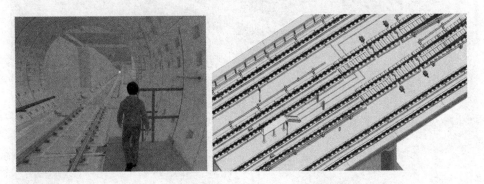

图 5-85　隧道内部乘客疏散路径、司机行走路径模拟三维演示

④ 竣工模型建立

在项目竣工交付阶段，在施工模型的基础上，对工程竣工模型的竣工信息进行补充完善，生成各专业竣工模型，如图 5-86 所示。同时搜集整理各类非结构化的施工过程文件，

形成以竣工 BIM 模型为中心的工程竣工数据库，并与竣工 BIM 模型实现关联，归档完成后交付至业主单位。

图 5-86　车站机电竣工 BIM 模型

（5）运维阶段

① 模型三维漫游

轨道交通基于 BIM 模型三维漫游（图 5-87），主要以车站和区间的模型漫游为主，可使运营管理人员快速熟悉运营管理对象，准确掌握车站和区间的重要设施设备分布情况以及关键出入口位置，方便管理人员对现场情况的掌握管理。

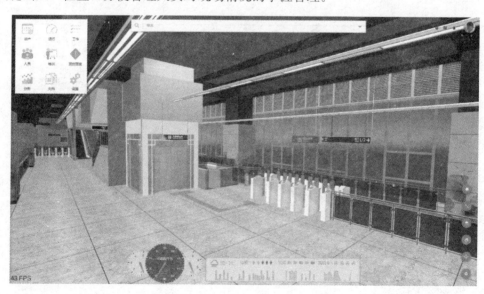

图 5-87　车站模型漫游图

②结构安全管理

轨道交通基于 BIM 模型的结构安全管理，主要是以区间的盾构管片结构安全管理为主，基于 BIM 模型和盾构管片上的传感器获取的监测数据，实现对管片沉降、收敛变形（图 5-88）、结构裂缝、结构差异变形、渗漏监测和阈值预警等，并将这些信息与相应的管片进行绑定，从而实现基于 BIM 的盾构管片结构安全管理，方便现场人员对具体管片病害的了解。

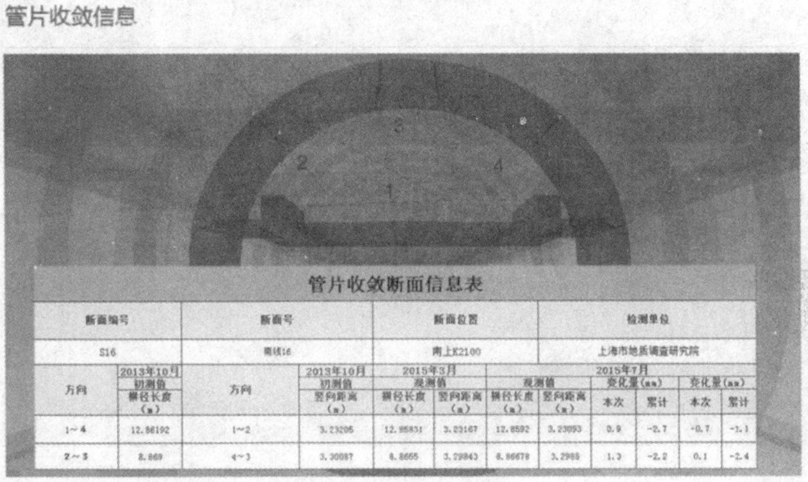

管片收敛信息

图 5-88　管片收敛变形监测界面图

③ 设备运行管理

轨道交通涉及的设施设备专业种类繁多，数据量大，包括：供电、照明、给水排水、通风、通信、消防、视频监控、乘客广播系统、屏蔽门等，将这些设备的动态运行信息与 BIM 模型构件进行关联，实现对设备的运行管理和数据统计分析，方便现场人员对设备运行状态的管理（图 5-89）。

图 5-89　车站新风系统运行状态图

④ 车站运营管理

轨道交通车站的运营管理主要以地铁车站的客服、乘务等工作调度管理为主，基于 BIM 技术，结合室内定位、移动互联技术，实现基于 BIM 的车站运营管理，方便车站运营管理人员准确掌握现场情况，实现车站运营管理业务服务的高效管理（图 5-90）。

图 5-90　站内运营管理人员定位示意图

⑤ 资产管理

基于二维码标签和 BIM 技术，将 BIM 模型和现实实物用二维码标签连接起来，实现基于 BIM 的轨道交通资产管理（图 5-91），方便轨道交通的运营管理人员迅速掌握资产的具体空间位置，而不仅仅只是传统资产表中某一项枯燥数据。

图 5-91　基于 BIM 的车站资产管理图

⑥ 维保管理

轨道交通在运营过程中，除站内对乘客的运营事务管理外，还有一大部分设备的巡检、养护、维修工作，需要设备巡检人员能够主动、及时发现问题，排除潜在的隐患，以提高整个项目的运营管理水平。基于 BIM、移动互联技术和二维码标签实现轨道交通的维保管理（图 5-92），能够使现场工作人员在设备故障时迅速基于移动端查询设备的相关文档信息进行现场故障排除，提高设备在故障时的应急响应能力。

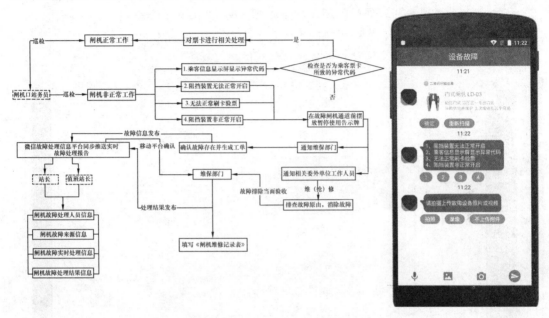

图 5-92　基于移动端设备故障记录图

⑦ 预案管理

轨道交通的预案管理主要以预案编制、预案演练和应急处置管理功能为主。基于 BIM 技术的预案管理（图 5-93），能够基于 BIM 模型和现场的实时情况，及时定位事故发生地点，提供可视化的事故信息与应急资源信息，规划车站人员应急疏散路线，监控相

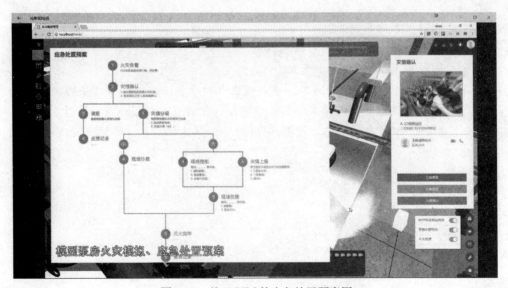

图 5-93　基于 BIM 的应急处置预案图

关机电系统的处置动作，掌握轨道交通项目应急时的全局状态，为现场和远程应急指挥提供决策依据，及时更新善后处理信息。

⑧ 能耗管理

将轨道交通各专业的传感器、探测器以及仪表获取的能耗数据，依据 BIM 模型按照区域和专业进行统计分析，使得管理人员能够更直观地发现能耗数据异常的区域，并针对性地对异常区域进行检查，发现可能的事故隐患或者调节设备的运行参数，以达到排除故障、降低能耗、维持轨道交通项目业务正常运行的目的（图 5-94）。

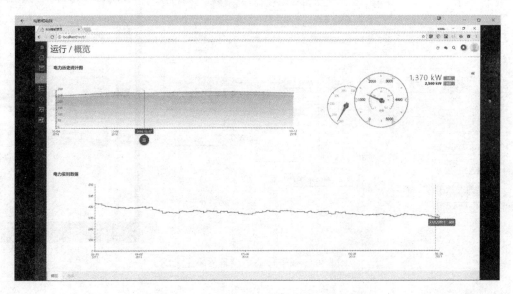

图 5-94   基于 BIM 的能源管理图

习　　题

1. 简述 BIM 的概念与特点。
2. 简述 BIM 通用数据标准 IFC 所包含的主要内容。
3. 简述 BIM 中 LOD 的概念和作用。
4. 简述以 Revit 为代表的 BIM 软件在建模上相对于传统二维建模方法的特点。
5. 简述以 BIM 技术为代表的三维集成协同设计相对于二维图纸设计有什么优势。
6. 参考书中的 BIM 建模内容，使用 BIM 软件尝试建立房屋（桥梁或隧道）模型。

第6章 土木工程信息分析

6.1 概　　述

信息分析是指以定性和定量研究方法为手段，通过对信息的收集、整理、鉴别、评价、分析、综合等系列化的加工过程，形成新的、增值的信息产品，最终为不同层次科学决策服务的一项智能活动。

从信息分析的整个工作流程来看，信息分析具有整理、评价、预测和反馈四项基本功能：(1) 整理功能体现在对信息进行收集、组织，使之由无序变为有序；(2) 评价功能体现在对信息价值进行评定，以达去粗（取精）、去伪（存真）、辨新、权重、评价、荐优之目的；(3) 预测功能体现在通过对已知信息内容的分析获取未知或未来信息；(4) 反馈功能体现在根据实际效果对评价和预测结论进行审议、修改和补充。

信息分析涉及方方面面，按领域可划分为经济信息分析、社会信息分析、科学技术信息分析、人物信息分析等，按内容可分为跟踪型信息分析、比较型信息分析、预测型信息分析、评价型信息分析等。信息分析的类型还可分为定性分析、定量分析和定性与定量相结合三种方法。定性分析方法主要依靠人的逻辑思维来分析问题，定量分析方法主要是依据数学函数形式来进行计算求解。定性分析方法包括比较、推理、分析与综合等，定量分析方法则包括回归分析法、时间序列法等。

土木信息分析是指以土木工程中的实际需求为背景，在土木工程规划、勘察、设计、施工与运维全寿命数据基础上，通过物理数学、计算机信息技术定性和定量分析方法，解决土木工程中的问题。传统土木信息分析有建筑造价分析、材料物理性能分析、施工动态反馈、工程风险分析等。近年来随着计算机硬件的飞速发展，计算能力的提升丰富了土木信息分析方式，如建立二维和三维精细数字化工程模型，并与数值分析模型一体化实现有限元分析；采用分布式系统对海量土木信息进行实时数据挖掘和预测分析，及时发现工程问题；对复杂工程环境、大范围、大面积项目创建空间索引，实现快速空间冲突分析、追踪工程活动影响范围、制定逃生路径等空间分析；甚至通过机器学习方法，依靠电脑自行判断，完成人工智能分析等。

土木信息分析对于提高工程效率和保障工程安全具有重要的作用，但在信息技术飞快发展的背景下，将新兴技术与土木工程相结合仍任重道远。本章主要介绍土木工程大数据分析、智能分析和仿真分析等一些分析方法。

6.2　大数据与机器学习简介及应用

6.2.1　大数据分析简介

1. 大数据的概念与特点

大数据（Big data），指的是传统数据处理应用软件不足以处理的大量或复杂的数据集，也可以指各种来源的大量非结构化和结构化的数据。大数据的意义在于数据能被专业高效且深度地处理，从中提取出非常有价值的信息。其特点通常可概括为"4V"，即大量化（Volume）、多样化（Variety）、价值化（Value）和快速化（Velocity）。

（1）大量化（Volume）

据测算，1992 年人类每天产生约 100GB 的数据，2002 年每秒钟就产生 100GB 的数据，2018 年每秒钟产生 50000GB（1GB＝10^9字节）的数据。近半个世纪以来，摩尔定律推动计算机硬件储存和处理能力迅速发展，为大量数据产生奠定了物理基础，以传感器技术、网络技术和微电子技术等为代表的物联网行业的成熟使得数据的产生方式发生了巨大的变化。

（2）多样化（Variety）

大数据包含的数据种类多样，可简单区分为结构化和非结构化数据，其中非结构化数据约占总量的 90%。结构化数据，是指可以用二维表结构来加以逻辑表达，用关系型数据库进行存储和管理的数据，如企业财务等数据。非结构化数据，是指不便使用数据库二维逻辑表达的数据，其数据结构与内容之间无明显关联，如文本、图像照片、音频视频等。

（3）价值化（Value）

大数据价值密度低，但蕴藏潜力巨大的价值。通过大数据处理算法从海量数据中迅速地提取有价值的信息，是应用大数据技术的关键。

（4）快速化（Velocity）

大数据具有产生快和处理快的特点。例如，互联网上每秒钟平均发送 340 万个电子邮件。数据分析处理是大数据价值链的最重要阶段，与传统数据挖掘技术相比，大数据系统响应速度快，时间窗口小，有利于工程的快速决策。

2. 大数据分析的五个基本方面

大数据技术的重要意义在于可以依托各种分析工具、云计算和云存储环境对数据进行专业、深度地处理。大数据分析分为以下几个方面。

（1）可视化分析

对于普通用户来说，大数据最基本的分析是数据的可视化。可视化分析能够更加直观地呈现数据内容，展现数据特征，丰富使用者体验，使分析结果更容易传递和表达。

（2）数据挖掘算法

数据挖掘算法是大数据分析的理论核心。由于大数据本身数据类型和格式的差异，数据挖掘的算法也不尽相同。只有兼顾大数据挖掘的深度与速度，才能更加科学地呈现出数据本身所具备的特点。

（3）预测性分析能力

预测性分析是大数据分析最重要的应用领域之一。分析人员基于数据挖掘出的特点，进行科学建模，再将新的数据代入模型，从而预测事情发生的可能性。数据挖掘可以让数据内容更好更充分地被理解，而预测性分析则可以在可视化分析和数据挖掘结果的基础上做出一些预测性的判断。

（4）语义引擎

鉴于大数据资料本身类型和格式的多样化，非结构化数据的多样性给数据分析增加了新的挑战。语义引擎旨在从不同结构类型的数据"文档"中智能提取信息，是数据解析、提取和分析的重要技术手段。语义引擎广泛应用于网络数据的挖掘，从用户的搜索关键词或其他输入语义中分析判断用户需求，为数据挖掘、数据预测提供大量可分析的数据源。

（5）数据质量和主数据管理

在大数据应用的各个领域，无论是商业还是科学研究，高质量的数据和有效的数据管理是大数据分析结果真实可靠并且有意义的保证。对于数据质量来说，随着数据量的增加以及内容的变更，数据内部的一致性变得更加重要，这使数据质量显得尤为重要。因此保持数据质量的高水准是大数据分析的重要基础条件。对于主数据管理而言，其目标就是在整个数据组织中为数据的收集汇总、匹配合并、维护和分配提供流程，以确保在长时间的管理和应用中保持数据的一致性和准确性。

3. 大数据处理

大数据处理有三个重要的理念，即要全体不要抽样，要效率不要绝对精确，要相关关系不要因果关系。大数据处理流程可以概括为四步，分别是采集、导入和预处理、统计和分析以及挖掘。

（1）采集

大数据的采集是指利用多个数据库来接收客户端（网页、APP 或者传感器形式等）的数据，并且用户可以通过这些数据库来进行简单的查询和处理工作。在大数据的采集过程中，其主要特点和挑战是高并发数，因为同时可能会有成千上万的用户来访问和操作，比如火车票售票和淘宝网站，并发的访问量在峰值时可达到上百万，需要部署相应的技术。

（2）导入和预处理

虽然采集端本身会有很多数据库，但是如果要对这些海量数据进行有效的分析，还是应该将这些来自前端的数据导入到一个集中的大型分布式数据库，或者分布式存储集群，并且可以在导入基础上做一些简单的清洗和预处理工作。导入与预处理过程的特点和挑战主要是导入的数据量大，每秒钟的导入量经常会达到百兆，甚至千兆级别。

（3）统计和分析

统计与分析主要利用分布式数据库，或者分布式计算集群来对存储于其内的海量数据进行分析和分类汇总等。在这方面，一些实时性需求会用到 EMC 的 GreenPlum、Oracle 的 Exadata，以及基于 MySQL 的列式存储 Infobright 等；而对一些批处理，或者基于半结构化数据的需求可以使用 Hadoop。统计与分析的主要特点和挑战是分析涉及的数据量大，对系统资源特别是 I/O 会有极大的占用。

（4）挖掘

与统计和分析过程不同的是，数据挖掘一般没有什么预先设定好的主题，主要是在现有数据上面进行基于各种算法的计算，从而起到预测和一些高级别数据分析的需求。比较典型算法有用于聚类的 K-均值算法（K-means）、用于统计学习的支持向量机（SVM）和用于分类的朴素贝叶斯（Naive Bayes），使用的工具有 Hadoop 的 Mahout 等。挖掘过程的特点和挑战主要在于挖掘算法的复杂性，并且计算涉及的数据量和计算量都很大。

6.2.2　机器学习方法简介

机器学习（Machine Learning）是指让计算机能模拟人的学习行为，自动地通过学习获取知识和技能，不断改善性能。机器学习的核心是"使用算法解析数据，从中学习，然后对某件事情做出决定或预测"。机器学习是人工智能的一个重要研究领域，人工智能与机器学习的关系如图 6-1 所示。

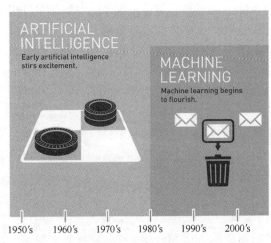

图 6-1　人工智能与机器学习的关系

机器学习可以分为监督学习（Supervised Learning）、无监督学习（Unsupervised Learning）、半监督学习（Semi-Supervised Learning）以及强化学习（Reinforcement Learning）四种类别。

（1）监督学习

监督学习是指有结果度量的指导学习过程。该方法通过学习已知数据集的特征和结果度量建立起预测模型来预测并度量未知数据的特征和结果。这里的结果度量一般有定量的（例如身高、体重）和定性的（例如性别）两种，分别对应于统计学中的回归和分类问题。在监督式学习下，输入数据被称为"训练数据"，每组训练数据有一个明确的标识或结果。例如，对防垃圾邮件系统中"垃圾邮件"、"非垃圾邮件"，对手写数字识别中的"1"、"2"、"3"、"4"等。在建立预测模型的时候，监督式学习建立一个学习过程，将预测结果与"训练数据"的实际结果进行比较，不断地调整预测模型，直到模型的预测结果达到一个预期的准确率。常见的监督学习方法包括决策树、Boosting 与 Bagging 算法、人工神经网络和支持向量机等。

（2）非监督式学习

非监督式学习是指数据没有被特别标识，学习模型是为了推断出数据的一些内在结构，例如从总体样本信息中做出某些推断以及描述数据是如何组织的。非监督式学习并不需要目标变量和训练数据集，常见应用场景包括关联规则的学习以及聚类等，常见算法包括 Apriori 算法以及 K-means 算法。

（3）半监督学习

半监督学习是指观察量中一部分经由指导者鉴认并加上了标识的数据，称之为已标识数据；另一部分观察量由于种种原因未能标识，被称为未标识数据。需要解决的是如何利用这些观察量（包括已标识数据和未标识数据）及相关的知识对未标识的观察量做出适当合理的推断。解决这类问题常用方法是采用归纳-演绎式的两步骤路径，即先利用已标识数据去分析并得到一般性的规律，再将此规律应用到未标识数据上。半监督学习方法包括图论推理算法（Graph Inference）或者拉普拉斯支持向量机（Laplacian SVM）等。

（4）强化学习

强化学习又称奖励学习或评价学习，它是从环境到行为映射的学习，以使奖励信号

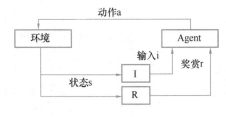

图 6-2　强化学习的基本原理

（或强化信号）函数值最大化。强化学习不同于监督学习，主要表现在训练信号上。强化学习不是告诉强化学习系统如何去产生正确的动作，而是由环境提供的强化信号对产生动作的好坏作一种评价。由于外部环境提供的信息很少，强化学习系统必须靠自身的经历进行学习，通过这种方式，强化学习系统在行动－评价的环境中获得知识，改进行动方案以适应环境，其基本模型如图 6-2 所示。强化学习常见的应用场景包括动态系统以及机器人控制等，其主要算法有瞬时差分方法（Temporal Difference Method）、Q-学习算法（Q-Learning Algorithm）和自适应启发评价算法（Adaptive Heuristic Critic Algorithm）等。

以下介绍一些常用的机器学习算法。

1. 决策树算法

决策树（decision tree）算法是一种基于特征属性对样本进行分类的方法，其主要的优点是模型具有可读性，计算量小，分类速度快。决策树是一种树形结构，包括有向边与三类节点：（1）根节点，表示第一个特征属性，只有出边没有入边；（2）内部节点，表示特征属性，有一条入边，至少两条出边；（3）叶子节点，表示类别，只有一条入边，没有出边。

决策树算法又可分为 ID3、C4.5 和 CART 等不同算法，下面以一个例子（如图 6-3）来说明决策树的基本思想。

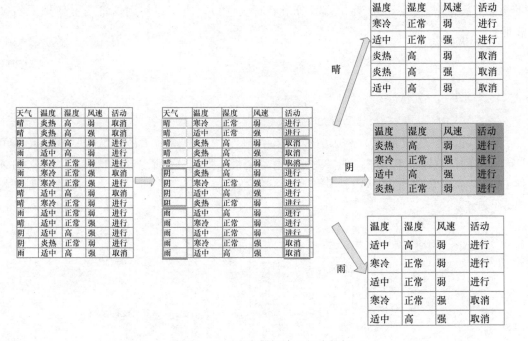

图 6-3　基于表中数据建立的决策树

上述数据集有四个属性，属性集合 A＝｛天气，温度，湿度，风速｝，类别标签有两个，类别集合 $L = \{进行，取消\}$。

在决策树中，根节点及后续分枝节点的选择并不是随意的。算法选取熵值作为不纯度 $I(\cdot)$ 的度量：

$$\Delta(A) = H(c) - \sum_{i=1}^{n} \frac{N(a_i)}{N} H(c \mid a_i) = H(c) - H(c \mid A) \tag{6-1}$$

式中，c 表示类别；A 表示特征属性，即 a_i 的集合。

对图中的例子，$H(c) = -\frac{9}{14} \log_2 \left(\frac{9}{14}\right) - \frac{5}{14} \log_2 \left(\frac{5}{14}\right) = 0.94$，

$$H(c \mid 天气) = \frac{5}{14} \left(-\frac{2}{5} \log_2 \left(\frac{2}{5}\right) - \frac{3}{5} \log_2 \left(\frac{3}{5}\right)\right) + \frac{4}{14} \left(-\frac{4}{4} \log_2 \left(\frac{4}{4}\right)\right)$$
$$+ \frac{5}{14} \left(-\frac{3}{5} \log_2 \left(\frac{3}{5}\right) - \frac{2}{5} \log_2 \left(\frac{2}{5}\right)\right) = 0.694$$

$$H(c \mid 湿度) = \frac{7}{14} \left(-\frac{3}{7} \log_2 \left(\frac{3}{7}\right) - \frac{4}{7} \log_2 \left(\frac{4}{7}\right)\right) + \frac{7}{14} \left(-\frac{6}{7} \log_2 \left(\frac{6}{7}\right) - \frac{1}{7} \log_2 \left(\frac{1}{7}\right)\right)$$
$$= 0.789$$

同理，$H(c \mid 温度) = 0.911$，$H(c \mid 风速) = 0.892$。

天气的信息增益分别为：$\Delta(天气) = H(c) - H(c \mid 天气) = 0.246$；同理，$\Delta(温度) = 0.029$，$\Delta(湿度) = 0.15$，$\Delta(风速) = 0.048$。

在特殊情况下，如果每个属性中每种类别都仅有一个样本，则该属性的信息熵就等于零，根据信息增益就无法选择出有效分类特征。所以，决策树使用信息增益率选取特征属性。

$$R_\Delta(A) = \frac{\Delta(A)}{H(A)} \tag{6-2}$$

$$R_\Delta(天气) = \frac{0.246}{-\frac{5}{14} \log_2 \left(\frac{5}{14}\right) - \frac{5}{14} \log_2 \left(\frac{5}{14}\right) - \frac{4}{14} \log_2 \left(\frac{4}{14}\right)} = 0.155$$

同理可算得 R_Δ（温度）$= 0.0186$，R_Δ（湿度）$= 0.151$，R_Δ（风速）$= 0.048$。可见，天气的信息增益率最高，选择天气为分裂属性。发现分裂了之后，天气是"阴"的条件下，类别是"纯"的，所以把它定义为叶子节点，选择不"纯"的节点继续分裂，如图 6-4 所示。

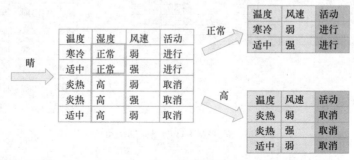

图 6-4　分枝晴的分裂过程

2. K-means 算法

K-means 算法又叫 K-均值算法，是非监督学习中的聚类算法。在 K-means 算法中，用 cluster 来表示簇，容易证明 K-means 算法收敛等同于所有质心不再发生变化。基本的 K-means 算法流程如下：

(1) 选取 K 个初始质心（每个初始 cluster 仅包含一个点）；

(2) 计算每个样本点到各初始质心的距离，将其归到距其最近的质心，将其类别标为该质心所对应的 cluster；

(3) 分别计算 K 个 cluster 内所有点对应的质心（即同一 cluster 中所有样本点的均值）；

(4) 返回到步骤（2），直至质心坐标不再变化。

实际上，K-means 的本质是最小化目标函数（目标函数为每个点到其簇质心的距离的平方和）。

K-means 算法的优点包括：简单、快速；对大数据集有较高的效率；时间复杂度近于线性，适合挖掘大规模数据集。但 K-means 是局部最优，因而对初始质心的选取敏感，簇的数量 K 值确定困难。

3. 支持向量机（Support Vector Machine，SVM）算法

SVM 是常见的一种判别方法，在机器学习领域是一个有监督的学习模型，通常用来进行模式识别、分类以及回归分析。

在实际工程中，我们往往需要将数据样本分为两类：好或坏，拉或压等。在二维平面上，可以用直线 $aX_1+bX_2=1$ 进行划分。在三维空间中，可以用平面 $aX_1+bX_2+cX_3=1$ 进行划分。在高维（$n>3$）空间中则需要用到 $n-1$ 维的超平面将空间切割开。

但是对如图 6-5 所示的数据，可以有多条超平面将数据分类。支持向量机算法的目的在于寻找一个超平面 $H(d)$ 将训练集数据分开，并且类域边界沿垂直于该超平面方向的距离最大，故 SVM 法也被称之为最大边缘（Maximum Margin）算法。这里所谓最优超平面不但能将两类数据正确分开，而且使分类间隔最大，使分类间隔最大实际上就是对模型推广能力的控制。

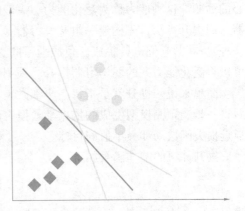

图 6-5　分类的若干种方式

如果没有核函数技术，则 SVM 算法最多算是一种更好的线性分类技术。但是，通过与"核"的结合，SVM 可以表达出非常复杂的分类界线，从而达成很好的分类效果。"核"事实上就是一种特殊的函数，最典型的特征就是可以将低维的空间映射到高维的空间（Hilbert 空间），使得在原来的样本空间中非线性可分的问题转化为在特征空间中线性可分的问题。升维一般情况下会增加计算的复杂性，甚至会引起"维数灾难"，但 SVM 方法巧妙地应用核函数的展开定理解决了这个难题，不需要知道非线性映射的显式表达式。

图 6-6(a) 中示意了两类环形的数据，要在二维平面上进行线性划分是不可能的，但

如果将原始数据变换到高维，则处理图 6-6(*b*) 中的数据可以容易地找到一个超平面进行分类。

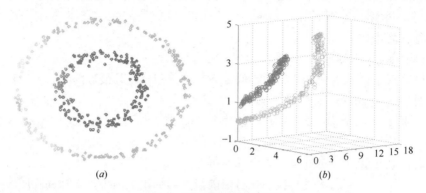

(a)   *(b)*

图 6-6   SVM 数据处理示例

(*a*) 原始数据；(*b*) 经过 SVM 核处理的数据

一般而言，SVM 有如下三个主要特点：

（1）结构风险最小化原则，给出实际风险的上界，保证学习机器具有良好的推广能力。

（2）算法最终转化为一个线性约束的优化问题，保证了算法的全局最优性和解的唯一性。

（3）应用核技术，将输入空间中的线性不可分问题转化为特征空间的线性可分问题。

4. 提升（Boosting）算法

如何将某个特定问题的解决方案推广到相似问题的解决中，是人工智能研究者特别关心的话题，这种能力称为泛化能力。一般的机器学习方法都是从训练数据中学得一个学习器，而提升算法首先构建一组基学习器（可采用神经网络或支持向量机等方法中的一种或几种），并对它们进行集成。集成学习的泛化能力一般明显优于单一学习器，其优势在于可以将泛化能力差的弱学习器提升为预测精度很高的强学习器。

简单来说，提升就是指每一步都产生一个弱预测模型，然后加权累加到总模型中，然后每一步弱预测模型生成的依据都是损失函数的负梯度方向，这样若干步以后就可以达到逼近损失函数局部最小值的目标。

提升算法的基本函数如下：

$$f(x) = \sum_m \beta_m b(x; \gamma_m) \tag{6-3}$$

式中，$b(\ )$ 是基函数；γ 是其中的参数；β 是基函数的系数。

对以上函数可由极大似然估计确定其中的参数：

$$\min\left\{\sum_{i=1}^{N} L\left[y_i, \sum_m \beta_m b(x; \gamma_m)\right]\right\} \tag{6-4}$$

直接对这 m 个分类器实行优化不太现实，因为是加法模型，所以采用一个折中的办法，每一步只对其中一个基函数及其系数进行求解，这样逐步逼近损失函数的最小值，即

$$\min\left\{\sum_{i=1}^{N} L\left[y_i, f_{m-1} + \beta_m b(x; \gamma_m)\right]\right\} \tag{6-5}$$

要使上式达到最小，那就得使新加的这一项刚好等于损失函数的负梯度：

$$\beta_m b(x; \gamma_m) = -\lambda \frac{\partial L(y, f_{m-1})}{\partial f} \tag{6-6}$$

以上就是提升算法的基本原理。

5. 关联规则算法

关联规则挖掘是一类非常有用的数据挖掘方法，能从数据中挖掘出潜在的关联关系。比如，在著名的购物篮事务（market basket transactions）问题中（如表 6-1 所示），关联分析被用来找出此类规则：顾客在买了某种商品时也会买另一种商品。在上述例子中，大部分都知道关联规则：{Diapers} → {Beer}，即顾客在买完尿布之后通常会买啤酒。

随机参数建模结果   表 6-1

TID	Items	TID	Items
1	{Bread, Milk}	4	{Bread, Milk, Diapers, Beer}
2	{Bread, Diapers, Beer, Eggs}	5	{Bread, Milk, Beer, Cola}
3	{Milk, Diapers, Beer, Cola}		

为了理解关联规则，首先需要了解几个基本概念：

（1）项集

在关联分析中，包含 0 个或多个项的集合被称为项集（item set）。如果一个项集包含 k 个项，则称它为 k-项集。例如：{啤酒，尿布，牛奶，花生} 是一个 4-项集。空集是指不包含任何项的项集。

（2）关联规则

关联规则是形如 $X \rightarrow Y$ 的蕴含表达式，如果 X 和 Y 是不相交的项集，即：$X \bigcap Y = \varnothing$。关联规则的强度可以用它的支持度（support）和置信度（confidence）来度量。

（3）支持度

一个项集或者规则在所有事物中出现的频率，描述规则适用于给定数据集的频繁程度。如果用 $\sigma(X)$ 表示项集 X 的支持度计数，则有，项集 X 的支持度为 $s(X) = \sigma(X)/N$；规则 $X \rightarrow Y$ 的支持度为 $s(X \rightarrow Y) = \sigma(X \bigcup Y)/N$。简单地说，$X \rightarrow Y$ 的支持度就是指物品集 X 和物品集 Y 同时出现的概率，其概率描述为 $s(X \rightarrow Y) = p(X \bigcap Y)$。举例来说，某天共有 1000 名顾客到商场购买物品，其中有 150 个顾客同时购买了圆珠笔和笔记本，那么上述关联规则的支持度就是 15%。

（4）置信度

置信度是确定 Y 包含在 X 的事务中出现的频繁程度，$c(X \rightarrow Y) = \sigma(X \bigcup Y)/\sigma(X)$。置信度就是指在出现了物品集 X 的事务 T 中，物品集 Y 也同时出现的概率有多大，$c(X \rightarrow Y) = P(Y \mid X)$。

（5）提升度

提升度反映了"物品集 A 的出现"对物品集 B 的出现概率发生了多大的变化。$lift(A \rightarrow B) = c(A \rightarrow B)/s(B) = p(B \mid A)/p(B)$。

置信度是对关联规则准确度的衡量，支持度是对关联规则重要性的衡量。支持度说明了这条规则在所有事务中有多大的代表性，显然支持度越大，关联规则越重要。但有些关联规则置信度虽然很高，支持度却很低，说明该关联规则实用的机会很小，因此也不重要。在关联规则挖掘中，满足一定最小置信度以及支持度的集合称为频繁集（frequent item set），或者强关联。关联规则挖掘是一个寻找频繁集的过程。

提升度在关联分析中也有重要意义，现在举例来说明。在 100 条购买记录中，有 60 条包含牛奶，75 条包含面包，两者都包含的有 40 条。s（牛奶，面包）为 0.4，看似很高，但其实这个关联规则是一个误导。在用户购买了牛奶的前提下，有（40/60）＝0.67 的概率去购买面包，而在没有任何前提条件时，用户反而有（75/100）＝0.75 的概率购买面包。也就是说，设置了购买牛奶的前提反而会降低用户购买面包的概率，也就是说面包和牛奶是互斥的。如果 lift＝1，说明两个事项没有任何关联；如果 lift＜1，说明 A 事件的发生与 B 事件是相斥的。一般在数据挖掘中当提升度大于 3 时，我们才承认挖掘出的关联规则是有价值的。

6. 贝叶斯（Bayes）算法

Bayes 算法是一种在已知先验概率与类条件概率的情况下的模式分类方法，待分样本的分类结果取决于各类域中样本的全体。根据贝叶斯定理，$p(A \mid B) = p(B \mid A)p(A)/p(B)$，假设某个体有 n 项特征（Feature），分别为 F_1、F_2、$\cdots$、F_n。现有 m 个类别（Category），分别为 C_1、C_2、$\cdots$、C_m。贝叶斯分类器就是计算出概率最大的那个分类，也就是求下面这个算式的最大值：

$$p(C_m \mid F_1 F_2 \cdots F_n) = p(F_1 F_2 \cdots F_n \mid C_m)p(C_m)/p(F_1 F_2 \cdots F_n) \tag{6-7}$$

由于 $p(F_1 F_2 \cdots F_n)$ 对于所有的类别都是相同的，可以省略，问题就变成了求 $p(F_1 F_2 \cdots F_n \mid C_m)p(C_m)$ 的最大值，朴素贝叶斯分类器则是更进一步，假设所有特征都彼此独立，因此

$$p(F_1 F_2 \cdots F_n \mid C_m)p(C_m) = p(F_1 \mid C)p(F_2 \mid C) \cdots p(F_n \mid C_m)p(C_m) \tag{6-8}$$

上式等号右边的每一项，都可以从统计资料中得到，由此就可以计算出每个类别对应的概率，从而找出最大概率的那个类。虽然"所有特征彼此独立"这个假设，在现实中不太可能成立，但是它可以大大简化计算，而且有研究表明这样简化对分类结果的准确性影响不大。

7. 人工神经网络

人工神经网络（Artificial Neural Network，ANN），简称为神经网络，是 20 世纪 80 年代以来人工智能领域兴起的研究热点。它从信息处理角度对人脑神经元网络进行抽象，建立某种简单模型，按不同的连接方式组成不同的网络。神经网络是一种运算模型，由大量的节点（或称神经元）之间相互联结构成。每个节点代表一种特定的输出函数，称为激励函数（activation function）。每两个节点间的连接都代表一个通过该连接信号的加权值，称之为权重，这相当于人工神经网络的记忆。网络的输出则依网络的连接方式、权重值和激励函数的不同而不同。网络自身通常都是对自然界某种算法或者函数的逼近，也可能是对一种逻辑策略的表达。

神经网络由 Warren McCulloch 和 Walter Pitts 于 1943 年首次提出。1958 年，Frank Rosenblatt 创建了第一个可以进行模式识别的模型，即感知器。第一批可以测试并具有多个层的神经网络于 1965 年由 Alexey Ivakhnenko 和 Lapa 创建。1975 年，Paul Werbos 提出反向传播，使神经网络的学习效率更高。2009 年至 2012 年间，Jürgen Schmidhuber 研

究小组创建的循环神经网络和深度前馈神经网络获得了模式识别和机器学习领域8项国际竞赛的冠军。2011年，深度学习神经网络将卷积层与最大池化层合并，然后将其输出传递给几个全连接层，再传递给输出层，被称为卷积神经网络。目前神经网络相关方法仍在快速发展中。

人工神经网络是对人脑的一种模拟。人脑中神经元主要由三部分构成：细胞体、轴突和树突（如图6-7所示）。突触是神经元之间相互连接的接口部分。

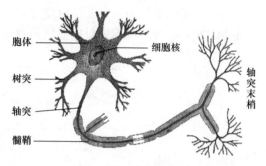

图6-7 神经元细胞的结构

神经元的信息处理方式如下：

（1）生物神经元传递信息的过程为多输入、单输出。每个神经元有多个树突（用于接收不同的信息），而轴突只有一个（虽然轴突末梢可有多个）；

（2）从神经元各组成部分的功能来看，信息的处理与传递主要发生在突触附近；

（3）当神经元细胞体通过轴突传到突触前膜的脉冲幅度达到一定强度，即超过其阈值电位后，突触前膜便向突触间隙释放神经传递的化学物质。

突触有两种类型，兴奋性突触和抑制性突触。前者产生正突触后电位，后者产生负突触后电位。

为了模拟神经元，人工神经元模型应该具有生物神经元的六个基本特性：

（1）神经元及其联结；

（2）神经元之间的联结强度决定信号传递的强弱；

（3）神经元之间的联结强度是可以随训练改变的；

（4）信号可以起刺激作用，也可以起抑制作用；

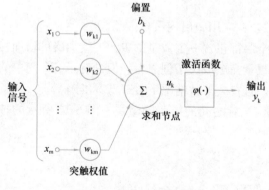

图6-8 基本神经元模型

（5）一个神经元所接受信号的累积效果决定该神经元的状态；

（6）每个神经元可以有一个"阈值"。

1943年，神经生理学家McCulloch和数学家Pitts基于早期神经元学说，归纳总结了生物神经元的基本特性，建立了具有逻辑演算功能的神经元模型以及这些人工神经元互联形成的人工神经网络，即所谓的McCulloch-Pitts（MP）模型，如图6-8所示。

以上模型可以用下式表达：

$$u_k = \sum_{j=1}^{m} w_{kj} x_j - b_k , \ y_k = \varphi(u_k) \tag{6-9}$$

式中，下标k表示神经元的编号；x_1、x_2、$\cdots$、x_m为输入信号；w_{k1}、w_{k2}、$\cdots$、w_{km}为神经元的权值；b_k为偏置值，又称为阈值；$\varphi(\cdot)$为激活函数；y_k为神经元k的输出结果。

在人工神经网络设计及应用研究中，通常需要考虑三个方面的内容：神经元激活函数、网络的拓扑形式和网络的学习（训练）。

激活函数 $\varphi(\cdot)$，又称为作用函数，如图 6-9 所示。其作用包括：

（1）控制输入对输出的激活作用；

（2）对输入、输出进行函数转换；

（3）将可能无限域的输入变换成指定的有限范围内的输出。

在 MP 模型中激活函数为单位阶跃函数（如图 6-9a 所示）。

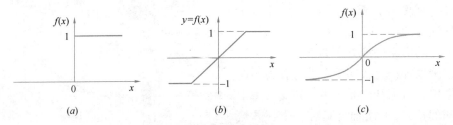

图 6-9　激活函数

(a) 阶跃函数；(b) 分段线性函数；(c) sigmoid 函数

其表达式为：

$$f(x) = \begin{cases} 1, & x \geqslant 0 \\ 0, & x < 0 \end{cases} \tag{6-10}$$

激活函数还可以用分段线性函数（如图 6-9b 所示）表达，或 sigmoid 函数（如图 6-9c 所示），两者的表达式分别为：

$$y = f(x) = \begin{cases} -1 & x < -1 \\ x & -1 \leqslant x \leqslant 1 \\ 1 & x > 1 \end{cases} \tag{6-11}$$

$$f(x) = \frac{1}{1+e^{-x}} \text{ 或 } f(x) = \frac{1-e^{-x}}{1+e^{-x}} \tag{6-12}$$

sigmoid 函数因为其具备单调可微的特点，在应用中出现最多。

层是神经网络适应复杂问题的基础，每个层都包含一定数量的单元，增加层可增加神经网络输出的非线性。大多数情况下单元的数量完全取决于创建者，但是对于一个简单的任务而言，层数过多会增加不必要的复杂性，且在大多数情况下会降低其准确率。

每个神经网络有两层：输入层和输出层，二者之间的层为隐藏层。图 6-10 所示的神

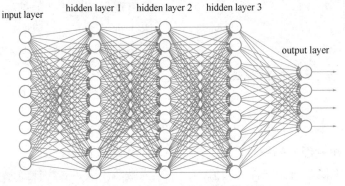

图 6-10　典型人工神经网络的拓扑结构

经网络包含一个输入层（8个单元）、一个输出层（4个单元）和3个隐藏层（每层包9个单元）。图 6-10 是典型神经网络的拓扑结构。

从连接方式来看，神经网络主要有两种拓扑结构：

（1）前馈型网络（图 6-11a）。各神经元接收前一层的输入，并输出给下一层，没有反馈。通常前馈网络第 i 层的输入只与第 $i-1$ 层的输出相连。

（2）反馈型网络（图 6-11b）。所有节点都是计算单元，同时也可接收输入，并向外输出。第 i 层的输出可以与前面层的输入相连。

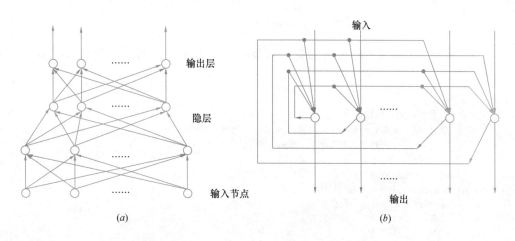

图 6-11　人工神经网络的拓扑结构
（a）前馈型；（b）反馈型

神经网络的学习规则是修正权值的一种算法，几个常用的学习规则如下：

（1）误差纠正学习

误差纠正学习是一种有监督的学习方法，根据实际输出和期望输出的误差进行网络连接权值的修正，其最终目的是使某一基于输出误差的目标函数达到最小，以使网络中的每个输出单元的实际输出在某种统计意义上最逼近于应有输出。一旦选定目标函数，误差纠正学习就成为典型的最优化问题。

误差纠正学习包括 δ 学习规则、Widrow-Hoff 学习规则、感知器学习规则和误差反向传播的 BP（Back Propagation）学习规则等。

（2）竞争型规则

竞争型规则是无监督学习过程，网络仅根据提供的一些学习样本进行自组织学习，没有期望输出，通过神经元相互竞争对外界刺激模式响应的权利进行网络权值的调整来适应输入的样本数据。在竞争学习中，各神经元对其他神经元进行输出抑制，最终只有最强的一个神经元胜出，并输出最终结果。

（3）Hebb 型规则

Hebb 型规则是神经学家 Hebb 提出的学习模型，可归结为"当某一突触两端的神经元激活同步（同为激活或同为抑制）时，该连接的强度应增强，反之则应减弱"。

下面给出一个基于 MATLAB 的例子，给出的训练集由玩具兔和玩具熊组成，输入样本向量的第一个分量代表玩具的重量，第二个分量代表玩具耳朵的长度，教师信号为 -1

表示玩具兔，教师信号为 1 表示玩具熊。输入数据和教师信号如图 6-12 所示。

$$\left\{X^1=\begin{bmatrix}1\\4\end{bmatrix},d^1=-1\right\} \qquad \left\{X^2=\begin{bmatrix}1\\5\end{bmatrix},d^2=-1\right\} \qquad \left\{X^3=\begin{bmatrix}2\\4\end{bmatrix},d^3=-1\right\}$$

$$\left\{X^4=\begin{bmatrix}2\\5\end{bmatrix},d^4=-1\right\} \qquad \left\{X^5=\begin{bmatrix}3\\1\end{bmatrix},d^5=1\right\} \qquad \left\{X^6=\begin{bmatrix}3\\2\end{bmatrix},d^6=1\right\}$$

$$\left\{X^7=\begin{bmatrix}4\\1\end{bmatrix},d^7=1\right\} \qquad \left\{X^8=\begin{bmatrix}4\\2\end{bmatrix},d^8=1\right\}$$

图 6-12   组输入数据和教师信号

这里采用一个神经元进行分类即可，相关的程序如图 6-13 所示，程序运行结果示于图 6-14。

```
clc;clear
%%单层感知器初始化
X=[1,4;1,5;2,4;2,5;3,1;3,2;4,1;4,2];    %输入信号
d=[-1;-1;-1;-1;1;1;1;1];        %输入导师信号
w=zeros(2,9);
w(:,1)=rand(2,1);    %第一组权值赋予较小的非零随机数
o=zeros(8,1);    %输出结果
net=zeros(8,1);    %净输入 net
learnr=0.01;    %学习率为 0.1
n=0;    %循环次数
%%调整权值
while n<100    %训练次数最大设为 100 次
for i=1:8
net(i)=X(i,:)*w(:,i);    %计算净输入 net
o(i)=sign(net(i));        %计算输出，转移函数为符号函数
w(:,i+1)=w(:,i)+learnr*(d(i)-o(i))*X(i,:)';    %调整权值
w(:,1)=w(:,9);    %最后一组权值赋值给第一组权
end
n=n+1
if d==o    %如果输出等于导师信号，那么训练停止
    break
end
end
 %%结果输出
x1=[1,1,2,2];    %将两组数据在图中标出
y1=[4,5,4,5];
x2=[3,3,4,4];
y2=[1,2,1,2];
scatter(x1,y1,'r')%画点
hold on;
scatter(x2,y2,'b')
x=-1:0.01:5;
y=-w(1,1)/w(2,1)*x;%得到训练过后的权都一样，取出第一组权确定直线，将两
组数据分开
hold on;
plot(x,y)
```

图 6-13   MatLab 程序代码

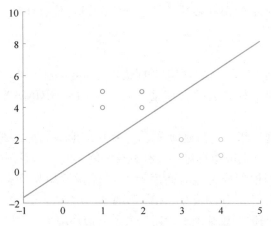

图 6-14 感知器在二维平面的分类结果（运行结果）

6.2.3 机器学习应用实例：盾构隧道掘进参数与地表沉降预测

本案例以某泥水平衡盾构隧道工程为例，基于施工过程中采集的盾构掘进数据，首先采用长短期记忆网络（Long Short-Term Memory，LSTM）深度学习模型预测未施工段的施工参数，然后进一步基于地层参数和实测的地表沉降数据，采用 LSTM 方法预测未施工段的地表沉降，以期对施工参数控制和优化提供参考和建议。

LSTM 深度学习模型由 Sepp Hochreiter 和 Jurgen Schmidhuber 于 1997 年提出[42]，是递归神经网络（RNN）的一个改进，它拥有简单的链式结构，如图 6-15 所示。

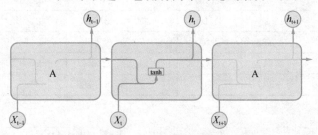

图 6-15 重复神经网络模块的链式结构

LSTM 和普通 RNN 相比，最主要的改进就是增加了三个门控制器：输入门（input gate）、输出门（output gate）、遗忘门（forget gate）。对于 RNN，每个时刻的状态都由当前时刻的输入与原有的记忆结合组成，但问题在于记忆的容量是有限的，早期的记忆会呈指数级衰减，为了解决这一问题，LSTM 模型在原有短期记忆单元的基础上，增加了一个记忆单元来解决这一问题，保持长期记忆。

1. 数据预处理

在应用深度学习方法预测施工参数与地表沉降之前，首先要对施工过程中采集的数据进行预处理，以保证获取高质量的数据。数据预处理主要包括异常值剔除、缺失值插补、数据规范化和相关性统计几个步骤。

本案例首先采用 K-means 聚类方法剔除异常值，其次采用多重插补法对缺失值进行插补，然后采用最大-最小规范化法对数据进行规范化，最后利用相关性统计分析方法得到影响地表沉降的五个主要掘进参数：气泡仓实际设定值、注浆总量、总推力、刀盘扭矩、推进速度。

2. 掘进参数预测

该工程案例基于前 1387 环盾构掘进及周边环境数据，采用 LSTM 模型预测未施工段的掘进参数，并与随机过程差分整合移动平均自回归（ARIMA）模型的预测结果进行对比。

由于地层条件、隧道线型、隧道埋深、房屋基础形式、房屋结构类型、房屋结构现状、穿越方式等周边环境对隧道掘进参数有着较大的影响，本案例根据是否在输入中考虑周边环境因素，将预测模型分为纯时间序列 LSTM 预测模型和多维输入 LSTM 预测模型，其中纯时间序列 LSTM 预测模型与 ARIMA 模型类似，只输入掘进参数；而多维输入 LSTM 预测模型在掘进参数基础上，还引入了周边环境参数。

（1）ARIMA 模型与纯时间序列 LSTM 模型预测结果

ARIMA 模型与纯时间序列 LSTM 模型预测结果如表 6-2 和图 6-16 所示。由表 6-2 可见，纯时间序列 LSTM 的预测误差最大约为 12%，ARIMA 预测误差最大约为 23%；LSTM 预测平均误差约为 7%，ARIMA 预测平均误差约为 15%。

ARIMA 模型和纯时间序列 LSTM 模型预测结果对比表　　　　　　表 6-2

掘进参数	均值	纯时间序列 LSTM 模型			ARIMA 模型		
		平均绝对误差	均方根误差	百分比误差	平均绝对误差	均方根误差	百分比误差
刀盘扭矩（kN·m）	2955.66	366.42	423.38	12.40%	683.21	721.23	23.11%
气泡仓实际设定值（bar）	3.25	0.12	0.35	3.64%	0.63	0.65	19.38%
推进速度（mm/min）	25.63	2.52	3.77	9.83%	4.37	5.57	17.05%
注浆总量（m³）	30.78	0.71	2.44	2.3%	0.86	1.25	2.79%
总推力（kN）	66547	4093	5211	6.15%	7775	7983	11.68%

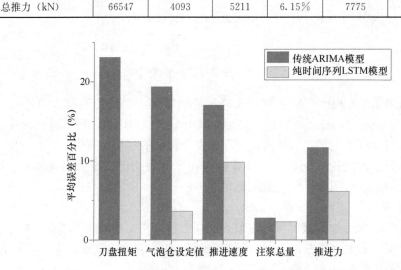

图 6-16　ARIMA 模型和纯时间序列 LSTM 模型预测结果对比图

（2）纯时间序列 LSTM 模型预测模型与多维输入 LSTM 预测模型对比

由图 6-16 可见，纯时间序列深度学习 LSTM 模型在掘进参数预测方面有明显的优势。但是，由于其忽略了周围环境对掘进参数的影响，因此在应用于盾构隧道穿越房屋建筑物等情况时仍有很大的局限性。为此，本案例将地层条件、隧道线型、隧道埋深、房屋基础形式、房屋结构类型、房屋结构现状、穿越方式等周边环境参数同时作为输入，并与纯时间序列 LSTM 模型预测模型进行对比。

取盾构隧道穿越房屋建筑物区段（简称穿越段）作为比较，结果如表 6-3 和图 6-17 所示。多维输入 LSTM 模型的预测最大误差约为 12%，纯时间序列 LSTM 模型的预测最大误差约为 13%；多维输入 LSTM 模型的平均预测误差约为 5%，纯时间序列 LSTM 的平均预测误差约为 8%。

穿越段纯时间序列 LSTM 和多维输入 LSTM 模型预测误差统计表　　　表 6-3

对象	纯时间序列 LSTM 模型				多维输入 LSTM 模型			
	均值	平均绝对误差	均方根误差	百分比误差	均值	平均绝对误差	均方根误差	百分比误差
刀盘扭矩（kN·m）	6359	853.40	998.17	13.42%	6359	787.27	966.25	12.38%
气泡仓实际设定值（bar）	4.28	0.19	1.4	4.54%	4.28	0.05	0.15	1.17%
推进速度（mm/min）	23.42	2.31	3.41	9.89%	23.42	2.22	2.91	9.48%
注浆总量（m³）	31.66	1.91	3.72	6.03%	31.66	0.12	0.17	0.37%
总推力（kN）	112643	9710	10021	8.62%	112643	3909.82	6324.08	3.47%

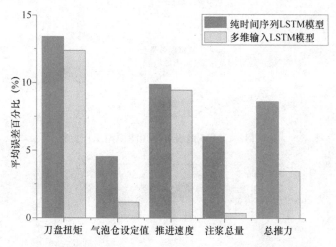

图 6-17　穿越段纯时间序列 LSTM 和多维输入 LSTM 模型预测误差统计表

3. 盾构隧道地表沉降预测

本案例建立了包括掘进参数、地层参数、周边环境在内的盾构隧道地表沉降预测 LSTM 模型，输入包括气泡仓实际设定值、注浆总量、总推力、刀盘扭矩、推进速度 5 个掘进参数，以及覆土厚度、含水率、内摩擦角和孔隙比 4 个地层参数，共 9 个参数。输出为地表沉降值，预测模型工作流程如图 6-18 所示。

图 6-19 是模型训练拟合的效果，训练集 R^2 显示为 0.95 左右，表明算法对该部分数据拟合良好；测试集 R^2 为 0.9～1.0 之间，显示了模型的泛化能力也很好。

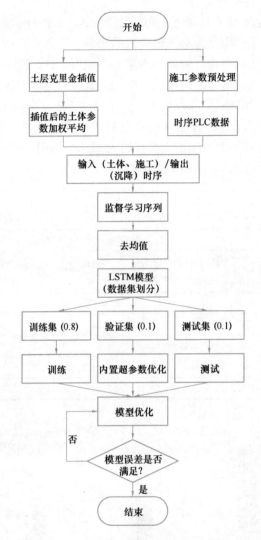

图 6-18 LSTM 地表沉降预测模型工作流程

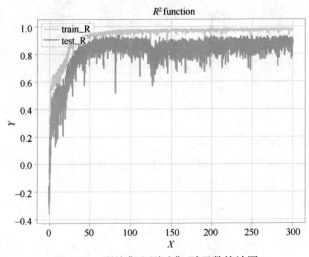

图 6-19 训练集和测试集 R^2 函数统计图

将地表沉降预测 LSTM 模型与改进的 BP（GA_BP）模型、最小二乘支持向量机（LSSVM）模型预测效果对比，如图 6-20 和图 6-21 所示。可以看出，LSTM 预测的结果与真实值更接近，LSTM 模型的预测误差均小于其他两种机器学习算法，具有更高的预测精度。表 6-4 是预测结果的统计数据，LSTM 的平均绝对误差为 0.8589，均方根误差为 1.3725，平均百分比误差为 9.17%，LSTM 模型各项统计指标均显著小于 GA_BP 网络和 LSSVM 的预测结果。

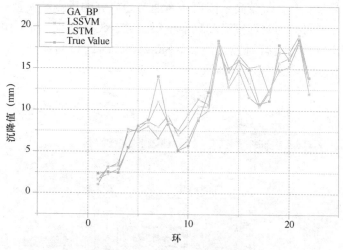

图 6-20　不同方法预测结果对比

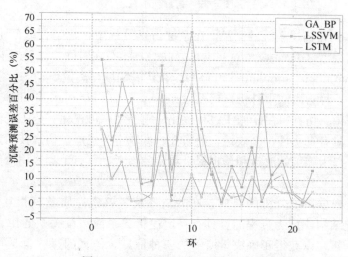

图 6-21　不同预测方法的百分比误差

不同方法预测误差统计表　　　　　　　　　　　　　　表 6-4

预测方法	GA_BP	LSSVM	LSTM
真实值均值	10.7364	10.7364	10.7364
平均绝对误差	1.2829	1.7778	0.8589
均方根误差	1.8079	2.3943	1.3725
平均百分比误差	16.63%	21.83%	9.17%

6.3　仿真方法简介

6.3.1　仿真基本概念

对一个复杂的系统（System），可通过真实系统实验或模型系统实验两种方法开展研究，前者往往不易重复且代价较高，因而后者通常是研究的重点。模型（Model）是对复杂系统的一种简化，可分为物理模型和数学模型。对于数学模型，可采用分析方法进行研究，也可以采用仿真方法进行研究。仿真（Simulation）的目的就是通过对模型的实验，研究系统的行为和响应，如图 6-22 所示。

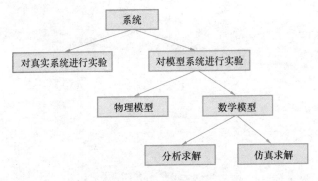

图 6-22　仿真基本概念

状态（State）是描述系统的变量，在系统仿真过程中，状态在时间上发生突变的模型称为离散仿真模型（discrete simulation model），状态在时间上连续变化的模型称为连续仿真模型（continuous simulation model）。在仿真领域，离散、动态、随机仿真模型是研究的重点之一，称为离散事件仿真模型（discrete-event simulation model）。

在土木工程中，仿真可用于施工过程优化、施工动态可视化、施工机械设备优化、操作人员培训等，具有真实性、高效性、前瞻性、低成本等优点。仿真技术近些年来在工程中应用广泛，可以为施工的决策和预报提供重要的参考，具有工程实用价值。

1. 系统仿真

系统仿真是根据系统分析的目的，在分析系统各要素性质及其相互关系的基础上，建立能描述系统结构或行为过程的且具有一定逻辑关系或数量关系的仿真模型，据此进行试验或定量分析，以获得正确决策所需的各种信息。仿真的过程也是实验的过程，而且还是收集和积累信息的过程。对一些复杂的随机问题，仿真是获取所需信息的一种极为重要的方法。通过系统仿真，可以把一个复杂系统降阶成若干子系统。通过系统仿真还能够启发新的思想或产生新的策略，暴露出原系统中隐藏着的一些问题，以便及时解决。

系统仿真的基本方法是建立系统的结构模型和量化分析模型，并将其转换为适合在计算机上编程的仿真模型，然后对模型进行仿真实验。由于连续系统和离散系统的数学模型有很大差别，所以系统仿真方法基本上分为两大类，即连续系统仿真方法和离散系统仿真方法。

2. 离散系统

离散系统由一系列的实体（entities）组成，实体的特征用属性（attributes）来描述，属性是离散事件仿真模型中系统状态的重要组成部分，土木工程施工系统是状态在某些随机时间点上发生离散变化的系统，比较符合离散系统仿真的特点，因此可用于土木工程施工仿真分析。以下介绍离散事件仿真模型的一些重要概念和要素。

（1）实体：组成系统的各部分，分为临时实体和永久实体，临时实体只出现于系统仿真的某一段时间里，永久实体会伴随整个仿真过程。实体的特征用属性来描述，属性是离散事件仿真模型中系统状态的重要组成部分。

（2）事件（event）：使系统状态发生变化的行为，系统状态的改变依赖于事件，事件之间可以相互驱动，即事件为其他事件的发生提供条件。

（3）活动：即前后两次相关联事件发生的过程，活动的进行使事件发生，进而改变系统所处的状态。

（4）进程：若干事件和活动组成的系统网络。

（5）仿真时钟：在仿真过程中描述当前时间的变量。仿真时钟的前进方式有两种：事件推进方式和固定时间推进方式，事件推进方式是依靠事件的发生来改变系统状态，固定时间推进方式中系统状态的改变不依赖于事件，而是依照时间变量的前进而进行。

（6）仿真时钟前进的方式：分为事件推进方式和固定时间推进方式。

（7）离散事件仿真方法：分为事件调度法和过程模拟法等。

3. 其他仿真方法

其他的仿真方法主要有以下几种：

（1）连续仿真（continuous simulation）：通常对系统状态随时间的改变采用偏微分方程来描述。示例：捕食-被捕食生物模型。

（2）离散-连续结合仿真（combined discrete-continuous simulation）：系统一部分状态变量用离散形式、一部分用连续形式，并且两者之间相互关联。例如，离散事件触发状态连续变化，连续变量变化到一定时间触发离散事件等。

（3）蒙特卡罗仿真（Monte Carlo simulation）：采用随机数求解特定确定性或随机问题的方法。

6.3.2 应用实例1：桥梁交通荷载效应仿真

通过交通流实测获取交通荷载具有真实性高、技术难度低的特点，但实施交通流监测的人力、物力及时间成本较高，因此在分析钢结构桥梁疲劳损伤时更倾向于利用少量实测数据找出交通流荷载的内在规律，再根据相关规律实现交通流模拟，最终根据模拟交通流进行疲劳验算与评定。疲劳分析中涉及的交通流信息可分为两部分：交通流信息以及车辆信息。交通流信息描述车辆在车队中的动态分布规律，车辆信息则涵盖了车重、轮距等加载信息。

1. 交通流信息

交通流信息包括交通量、车速、车头时距等。

交通量分析对实际交通行车状态从总体到局部分别归类统计，包括总车流量、方向车流量、车道车流量、车型车流量、时段车流量。为了提高分析精度，疲劳分析中需要根据时段、车道、车型进行三个层次的车流量统计。

车速通常服从正态分布，但亦受到交通流量、车辆类型、车道位置、时间的影响。通常，车速随交通流量增加而不断增大，但当交通量达到一定程度后，车速又开始下降；小型车的车速通常快于大车，客运车辆的车速通常快于货车；超车道车速通常快于普通车道；白天的车速通常高于夜间。

车头时距是指前后相邻车辆的前轮相继通过同一位置的时间差。车头时距可能服从对数正态分布、指数分布、逆高斯分布或伽马分布。车头间距是指前后相邻车辆的前轴在某一指定时刻的中心距，显然车头时距与车头间距之间存在着一定相关关系，如果假定车辆始终保持匀速前进，则车头间距为前车速度与车头时距的乘积。车头间距同样服从对数正态分布、指数分布、逆高斯分布或伽马分布。车头间距与车头时距主要受到交通量的影响，图6-23中示意了不同车道上交通量对车头时距均值和标准差的影响。

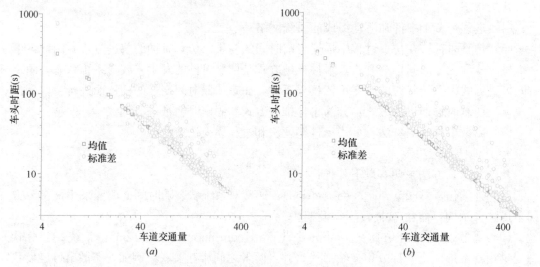

图6-23　不同车道车头时距的均值和标准差随交通量的变化
(a) 超车道上的车头时距；(b) 外侧车道熵的车头时距

2. 车辆信息

车辆信息包括车重、轴重与轴距，这些信息与车型密切相关，疲劳分析中通常按大客车、二轴货车、三轴货车、四轴货车、五轴货车和六轴货车等几种车型来分别统计。

各车型的车重分布均可用多峰正态分布拟合，但往往采用双峰分布即可满足精度要求。其中第一个峰值对应车辆空载或半载时的车重情况，第二个峰值对应着车辆满载时的车重。

轴重分布亦可采用多峰分布拟合，有时采用对数正态分布及逆高斯分布也能满足要求。

轴距分布的连续性较差，统计结果显示轴距分布一般存在三个明显的峰值区间，分别为1.2~1.4m，2.4~3.8m及5.0~7.0m，绝大部分轴距落于第二个峰值区间。其中第一个峰值代表着两轴轴组或三轴轴组的轴距，第二个峰值对应中小型载货车、各类牵引车车轴间的轴距。这两个峰值集中度较高。第三个峰值对应半挂车与牵引车间的轴距及大型客车、载货车的最大轴距，该峰值分布较宽，离散性也较大。另外由车辆车型调查可知，各类车的轴距一般都有一个较为固定的范围。图 6-24 中示意了所有公路交通统计参数间的相关关系。

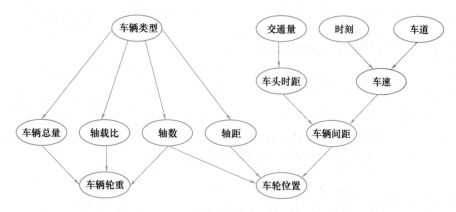

图 6-24　公路交通参数到交通荷载的转换关系

在疲劳分析中，有必要考虑随机性对荷载序列的影响。因此在模拟交通荷载时需要用到随机抽样方法。该方法根据计算机提供的伪随机数进行转换，得到服从某一特定概率分布的随机数。

随机抽样方法最常运用的是反函数法，该方法的基本思想如下：若 U 为 $[0\sim1]$ 间的均匀随机变量，则由 $X = F_X^{-1}(U)$ 产生的随机变量 X 服从概率分布函数为 $F_X(X)$ 的分布。因为若 $U \sim R(0, 1)$，$X = F_X^{-1}(U)$，则对于 $F_X(X)$ 的反函数 $F^{-1}(U) > 1$ 等价于 $U > F(X)$（参见图 6-25）。于是有：

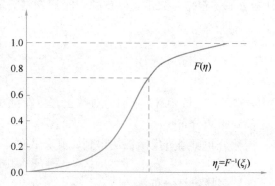

图 6-25　反函数法随机抽样的原理

$$P(X \leqslant x) = 1 - P(X > x)$$
$$= 1 - P(F^{-1}(U) > x)$$
$$= 1 - P(U > F(X)) \tag{6-13}$$
$$= 1 - (1 - F(x))$$
$$= F(x)$$

所以由 $X = F_X^{-1}(U)$ 产生的随机变量 X 服从概率分布函数为 $F_X(X)$ 的分布。

当概率分布函数的反函数难以显式表达时，也可采用舍去法等其他方法模拟随机数。下面列出在交通流模拟中几种常见随机分布的抽样方法。

（1）极值 I 型（Gumbel）分布

其概率密度函数为：

$$F(x) = \exp\{-\exp[-a(x - u)]\} \tag{6-14}$$

由反函数法可知对应的随机数发生函数为：

$$\eta = \frac{1}{a}\ln\left[\ln\left(\frac{1}{\xi}\right)\right]^{-1} + u \tag{6-15}$$

（2）极值Ⅲ型（Weibull）分布

其概率密度函数为：

$$F(x) = 1 - \exp\left[-\left(\frac{x}{\lambda} \right)^k \right] \tag{6-16}$$

由反函数法可知对应的随机数发生函数为：

$$X = \lambda^k \sqrt{ -\ln\xi } \tag{6-17}$$

（3）正态分布

正态分布的反函数无法显式表达，但其随机抽样可以通过 Box Muller 方法实现。该方法证明（证明步骤略）当有两个服从（0，1）均匀分布的相互独立的随机变量 ξ、ζ，就能通过下式得到服从正态分布 $N(\mu, \sigma^2)$ 的随机变量 X：

$$X = \mu + \sigma \sqrt{ -2\ln\xi } \cos 2\pi\zeta \tag{6-18}$$

（4）对数正态分布

对数正态分布可通过服从正态分布的随机变量转换得到，其公式如下：

$$X = EXP(\mu + \sigma \sqrt{ -2\ln\xi } \cos 2\pi\zeta) \tag{6-19}$$

式中，μ 和 σ 根据对数正态分布的均值和方差确定，计算公式如下：

$$\mu = \ln\left(\frac{E(X)^2}{\sqrt{Var(X) + E(X)^2}} \right) \tag{6-20}$$

$$\sigma^2 = \ln(1 + \frac{Var(X)}{E(X)^2}) \tag{6-21}$$

式中，$E(X)$ 和 $Var(X)$ 分别为对数正态分布随机变量 X 的期望和方差。

（5）指数分布

指数分布可通过反函数法得到，其公式如下：

$$X = -E(X)\ln(1 - \xi) \tag{6-22}$$

（6）多峰正态分布

可以参照正态分布进行拟合，其公式如下：

$$X = \begin{cases} \mu_1 + \sigma_1 \sqrt{ -2\ln\xi } \cos 2\pi\zeta & r > p_1 \\ \mu_2 + \sigma_2 \sqrt{ -2\ln\xi } \cos 2\pi\zeta & r > p_1 + p_1 \\ \mu_i + \sigma_i \sqrt{ -2\ln\xi } \cos 2\pi\zeta & r > \Sigma p_i \end{cases} \tag{6-23}$$

式中，p_i 为多峰正态分布各峰的权数；μ_i 和 σ_i 为各峰正态分布的均值与标准差；ξ 和 ζ 为符合（0，1）均匀分布的相互独立的随机变量。

3. 仿真过程与结果

基于随机数抽样方法，公路交通车队的模拟过程如图 6-26 所示。

（1）以半小时为单位进行模拟，确定相关随机变量的特征值或者特征值计算公式；

（2）根据调查结果确定半小时内各车道的交通量；

（3）根据交通量与车头时距标准差关系函数确定车头时距的标准差，由交通量的倒数确定半小时内车头时距的均值，依据指数随机分布确定车辆的车头时距；

（4）根据所属车道以及所模拟的时刻确定车辆的速度，假设该速度保持不变；

（5）根据各车型在该时刻占所属车道的百分比抽取车型；

（6）由当前车辆的车型确定相应的车型轴重比和轴距；

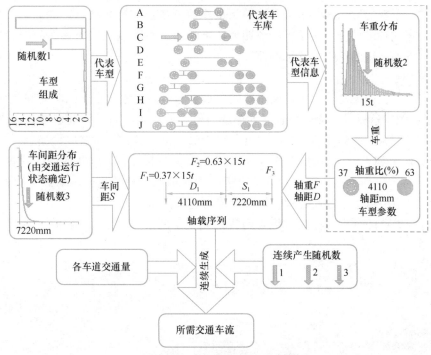

图 6-26　虚拟车流模拟示意图

（7）根据车型所对应的经验车重抽样确定所模拟车辆的总重，再由第 6 步的轴重比确定车辆各轴的轴重；

（8）重复（1）～（7）步骤，不断模拟各车道各时段的车辆信息，形成模拟交通流。

由模拟交通流在所关心构件的影响线（面）上加载可便捷得到模拟车辆荷载应力历程：

（1）模拟计算前需要首先利用相关软件建立所关心桥梁的力学模型，并通过在桥面各点加载得到疲劳敏感构件关键截面的影响线（面）；

（2）接下来就可以开始应力历程模拟：选取任意时刻，根据车头时距和车辆速度计算车队中各模拟车辆的位置；

（3）按照车辆轴距在影响面上加载各轴的轴重荷载，并对影响线上所有有效轴载效应进行累加得到某时刻的交通荷载效应；

（4）依时间顺序连续记录各构件的荷载效应得到应力历程。

在以上处理过程中，有两方面需要予以注意：

（1）所采用的影响线（影响面）应能反映结构的真实应力状态。

a. 受弯扭作用的构件其影响线应选取在可能导致最大疲劳损伤的角点上。由于影响线加载是多点加载，因此最大疲劳损伤角点并非一定就对应于拉应力最大的那个角点。当把握不大时，可对截面上所有可疑角点进行验算。

b. 当对构件的开孔截面（如采用栓铆连接的结构）进行疲劳分析时，影响线应包含开孔对截面应力的影响成分。

c. 当采用基于外推法的热点应力方法对结构进行疲劳分析时，应先得到外推两点的应力影响线，再由外推公式直接形成热点处的应力影响线。

类似的，当在计算中需要考虑多点共同作用（如将轮胎作为加载于接地矩形面积上的均布荷载时）形成的影响线时，可以先得到接地位置各点的影响线（影响面），再对这些影响面按一定规则求积分（对轮胎荷载即为各影响线上对应点直接求和后除以轮胎面积）得到最终车流加载用的影响线（影响面）。

（2）应力压密

模拟加载过程中，为了避免遗漏重要的数据，各应力历程数据点的时间间隔往往设为 0.01s 甚至更短。这就导致交通荷载序列加载后得到的原始应力历程数据量非常庞大，数据处理工作量大。考虑到原始数据中含有不少无效数据，有必要对这些数据进行过滤。

a. 应力峰值和谷值之间的中间点，无需参与疲劳分析计算，因此均可以过滤；

b. 峰、谷之间应力幅值较小的点，由于应力幅值低于疲劳极限，对疲劳损伤或裂纹扩展的贡献极小可以忽略，在处理数据时可以将这些值略去。

除去这两类点的过程可称之为应力历程的压密，图 6-27 示出了具体处理流程。应力

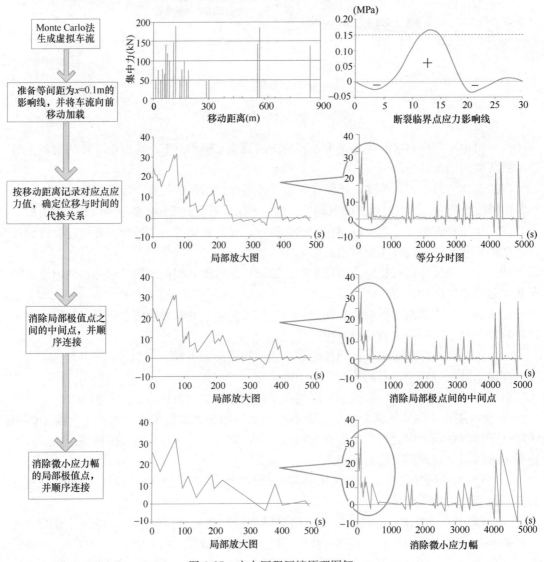

图 6-27　应力历程压缩原理图解

历程压密可以通过以下方法判断：

$$(S_i - S_{i+1})(S_{i+1} - S_{i+2}) \geqslant 0 \tag{6-24}$$

式中，S_i、S_{i+1}、S_{i+2} 为应力历程序列中前后相邻的三个数据，当上式满足时，表示 S_{i+1} 为中间点，可以忽略。

$$|S_{i+1} - S_{i+2}| \leqslant \Delta\sigma_{th} \tag{6-25}$$

式中，$\Delta\sigma_{th}$ 为应力幅门槛值，当式（6-24）不成立时，接着进行式（6-25）的检验，如果式（6-25）成立，则代表 $S_{i+1} - S_{i+2}$ 为小应力幅，可以忽略 S_{i+2}。

6.3.3 应用实例2：隧道施工环境影响仿真

分析隧道施工过程对地表沉降的影响常用的方法为建立地表沉降力学模型，采用经验公式、解析公式、有限单元法、神经网络等方法计算求解横断面地表沉降、纵断面地表沉降、土体位移等，但是很少考虑到施工参数的不确定性影响。也有学者采用仿真手段建立了盾构法施工仿真模型，将掘进率、生产率、工时、耗材量作为仿真对象，以活动循环图（ACD）的形式建立仿真模型，利用 CYCLONE、CPM、EZStrobe 等仿真工具研究隧道施工过程对地表沉降的影响，但是传统的仿真模型无法集成力学计算功能。

1. 工程背景

本实例基于上海市某越江隧道施工数据，介绍仿真分析在隧道工程中的应用。该隧道工程全长 4912m，其中隧道主干长约 2860m，江中隧道长 1545m，江西暗埋隧道长 579m，江东暗埋隧道长 308m。隧道横断面外径 15m，内径 13.7m，埋深最深处为 55m，本案例选取平推段第 2300 环至第 2600 环的施工数据进行分析。

本案例的隧道施工对环境影响仿真是基于该盾构机在另一个实际工程获取的施工参数作为输入基准，开展仿真研究。

2. 施工参数与随机模型

（1）施工参数

施工参数包括常量、一般变量和随机变量。常量是不随系统变化而变化的量；一般变量随系统变化而改变，但这类变量的改变具有某种固定规律；随机变量是具有不确定性的变量，随机变量会随着系统状态的改变而变化，但是其变化并不是遵循着固定的规律，常常表现出随机性。

施工参数中常量包括：土体泊松比 ν、土体杨氏模量 E、掘进影响角 β、土层软硬系数 k_1、隧道半径 r、盾构机半径 R、盾构机长度 L、盾尾几何空隙 G_p、似刚度 K、土层参数主要来自于地质勘查报告和经验估计，参数值如表 6-5 所示。一般变量包括地面点距离隧道轴线的水平距离 x、隧道埋深 H，其具体物理含义如图 6-28 所示。隧道埋深 H 为地表高程与隧道轴线高程之差，在盾构隧道平推段且地表平坦的情况下，也可直接使用常量。

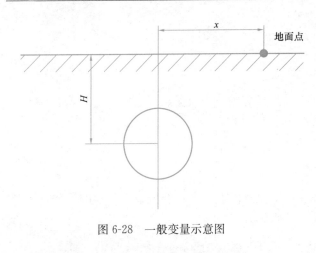

图 6-28　一般变量示意图

常数取值	表 6-5
常数名	取值范围
土体泊松比 ν	0.46
土体杨氏模量 E	9MPa
掘进影响角 β	40°
土层软硬系数 k_1	1
隧道半径 r	7.5m
盾构机半径 R	7.72m
盾构机长度 L	6m
盾尾几何空隙 G_p	0.44m
似刚度 K	8MPa

（2）随机数序列与随机过程序列

随机数序列又称为纯随机序列或噪声序列，其特点是数列中的每个随机数与前后均无关系，即之前发生的对后面没有影响，这种序列在实际中应用广泛，多数仿真过程所采用的参数生成方式均为随机数序列。

随机过程序列又称为随机序列或时间序列，其特点是之前发生的随机数对后面存在某种影响，随机过程是依赖于一个参数而变化的随机变量，也可以说是一组随机变量。随机过程的定义为：设 T 是某个集合，对于固定的 $t\in T$，都有对应的随机变量 X_t，当 t 在 T 中变动时，所得到的随机变量的全体称为随机过程，记为 $\{X_t；t\in T\}$，或简记为 X_T。

随机过程可以分为两大类：如果在连续区间 T 内，X_t 包含无数多个随机变量，仍称为随机过程；如果 T 中只含有离散的有限多个或可数的多个元素，则成为随机序列，通常记为 $\{X_t\}$，其中 t 为整数，在此 Q/υ 序列中，由于实际数据的单位为每环的记录数据，因此是属于第二种情况，即为随机序列问题。在很多实际问题中，随机序列 $\{X_t\}$ 中的整数 t 多指等间隔时间，因此，随机序列又常常被称为时间序列，当然，整数 t 也可以表示一些非时间量，比如在此文中的 t 表示环数。

从统计意义上讲，随机序列是指某一变量在不同 t 值下的观测值，并按照 t 的先后顺序排列而成的数列。虽然数列受到各种偶然因素的影响，表现出某些随机性，但是，与简单随机数不同，这种数列的每个元素之间存在着统计上的相关关系，所以，随机序列可以利用随机变量的统计描述方法来描述其统计特性。

（3）随机变量与相关性检验

本模型考虑的盾构隧道不确定性施工参数包括：渣土净流量 Q，推进速度 υ，盾构偏离角 θ、注浆填充度 α。其中，渣土净流量 Q 由进土量 Q_{in} 和出土量 Q_{out} 决定；注浆填充度 α 由注浆量决定。在实际工程中所记录的数据不包含盾构偏离角 θ，需要用方位角 γ 换算得到。这些施工参数与常量和一般变量不同，主要取决于施工人员的控制，具有不确定性，因此通常表现出随机变量或随机过程的特征，按照随机过程变量考虑。

由于以上参数可能具有相关性，会造成最终的地表沉降模拟的不稳定，因此先要进行施工参数的相关性分析。本案例对四个参数进行相关性检验，相关矩阵如图 6-29 所示。由图可知，渣土净流量和推进速度相关性较高，其他参数之间的相关性较低。矩阵分布散点成图可以更直观地反映出结果, 如图 6-30 所示。

相关性

		v	Q	$Grout$	θ
v	Pearson相关性	1	.833**	.101	.057
	显著性(双侧)		.000	.074	.317
	N	312	312	312	312
Q	Pearson相关性	.833**	1	.118*	.027
	显著性(双侧)	.000		.037	.633
	N	312	312	312	312
$Grout$	Pearson相关性	.101	.118*	1	.184**
	显著性(双侧)	.074	.037		.001
	N	312	312	312	312
θ	Pearson相关性	.057	.027	.184**	1
	显著性(双侧)	.317	.633	.001	
	N	312	312	312	312

**在.01水平(双侧)上显著相关。
*在0.05水平(双侧)上显著相关。

图 6-29　四个施工参数的相关矩阵

从图 6-30 可以看出, 渣土净流量 Q 和推进速度 v 的相关系数达到 0.833, 其他参数之间的相关系数很小。渣土净流量 Q 和推进速度 v 表现出线性相关, 而其他参数间则没有明显的相关性。因此, 可以认为渣土净流量和推进速度 v 之间是相关的。由于 Q 和 v 的比值决定了盾前损失的大小, 而在实际的工程实践中, Q 和 v 比值的恒定也正是盾构机施工参数控制的基本条件。因此, 将原有的四个施工参数, 转变为三个施工参数: 渣土净流量和推进速度的比值 Q/v、盾构偏离角 θ、注浆填充度 α, 分别对应于盾前损失、盾上损失和盾后损失。

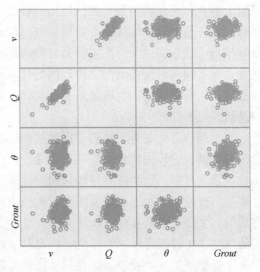

图 6-30　四个施工参数的矩阵分布散点图

(4) 随机过程建模

随机过程建模过程一般包括四个步骤: 随机过程的平稳性检验、模型判别、模型参数估计、模型的检验。随机过程的平稳性检验, 需检验各随机变量的三项指标: 均值是否为常数、方差是否为常数、自协方差函数是否仅与间隔 (管片环数量) 有关联, 而与间隔所处的位置 (管片环号) 无关。

随机过程序列的模型主要包括三种: 平稳自回归模型 (AR 模型)、可逆滑动平均模型 (MA 模型)、平稳自回归-可逆滑动平均混合模型 (ARMA 模型)。平稳自回归模型 (AR 模型) 通过当前变量对自身过去的数值进行回归, 描述了此时事件对之前发生的事件的回忆, 故称之为自回归模型; 可逆滑动平均模型 (MA 模型) 表示随机过程变量是由过去的噪声的加权和新的噪声的线性组合, 因为其对过去的 q 阶噪声具有记忆, 所以称之为滑动模型；平稳自回归-可逆滑动平均混合模型（ARMA）模型是上述两个模型的组合，在实际数据拟合时，具有更大的灵活性。

模型检验通常采用白噪声检验方式，通过白噪声检验可以确定原序列的信息是否提取完全，即白噪声中是否还存在未提取的信息。白噪声检验常采用自相关检验法也可使用统计软件直接检验。

各随机参数的建模结果如表 6-6 所示。

随机参数建模结果   表 6-6

随机参数	随机模型	均值	标准差	白噪声均值
渣土净流量与推进速度比值 Q/v	AR(2)模型	180.66m²	3.67m²	0.01m²
盾构偏离角 θ	AR(3)模型	—	0.0119 rad	0rad
注浆填充度 α	纯随机序列，以多项式拟合	—	—	—

3. 仿真模型与仿真系统

（1）盾构仿真模型

盾构法施工基本工序为：（a）建立竖井或基坑；（b）将盾构机主机和配件吊入竖井或基坑，并在预定位置组装并测试盾构机性能，使之达到预定要求；（c）在竖井或基坑壁掘进开口，开始沿设计轴线进行盾构掘进过程；（d）盾构机掘进过程由刀盘削切前方土体，依靠推进千斤顶提供向前推进顶力；削切出的土体进入土仓，土仓土体被不停运送到盾构机外；在盾构机后部，由传送带运送管片，举重臂拼装管片，每拼装完成一环，千斤顶向前推进，拼装完成后，由盾尾填充注浆，以控制地表沉降；（e）盾构机达到预定终点竖井或基坑后，拆卸运出。

本案例仿真对象为盾构机在掘进过程中的情况，即（d）的内容，它基本可以概括为削土与顶进、管片拼装和注浆三个步骤。其中削土与顶进包括削切前方土体、排出渣土、千斤顶顶进过程；管片拼装过程包括管片运送、举重臂安装管片过程；注浆过程包括一次注浆和二次注浆，一次注浆发生在盾构机顶进过程中，又称为同步注浆，二次注浆是发生在后期，主要目的是补充一次注浆不完全的地方，二次注浆取决于具体施工情况。将本案例的盾构施工过程看作一个系统，用离散事件系统仿真对其建模。由于盾构隧道施工工序较多，且相互关联，故采用活动扫描法作为建模方法。

活动循环图（ACD, Activity Cycle Diagram）是一种对施工过程逻辑关系的表述形式，对于复杂工序的系统，可以较为清晰地描述其过程。在活动循环图中，每一个实体循环于两种状态，即静止状态和活动状态。当实体结束活动状态后，会进入静止状态，这种状态也被称为队列，只有活动所需的所有实体均处于活动状态，活动才可以激活。活动循环图的基本结构为队列与活动交替进行。活动循环图所包含的元素有：约束活动、条件活动、队列、实体。队列和实体在前文已做出表述，约束活动即为在实体的前一活动释放出实体后，立刻进入此活动；条件活动即为当前一活动并不会释放出所有所需实体，只有当所有所需实体均处于活跃状态，活动才可以被激活，活动循环图的图例如图 6-31 所示。

盾构法施工的主要实体有：刀盘、千斤顶、传送带、管片、举重臂、渣土、注浆、一

环空间等。如图 6-31 所示,此过程为
推进拼装循环,是盾构施工的核心循
环过程,其具体运行过程如下:管片
运送至举重臂处,空闲举重臂举起管

图 6-31 活动循环图图例

片进行拼装,拼装后举重臂恢复空闲,举起下一片管片,此过程重复进行,直至拼装完成
一环空间;盾构机以此拼装完成的衬砌环作为支座进行切土,之后进行顶进;在顶进过程
中排出土仓,并在土仓注入润滑剂以便于开挖,同时在盾尾进行注浆;当顶进完成一环空
间时,切土顶进活动结束,进入下一次的管片拼装过程,从而回到第一步的状态,不断进
行,直至整条线路完成。典型盾构法施工拼装过程活动循环如图 6-32 所示。

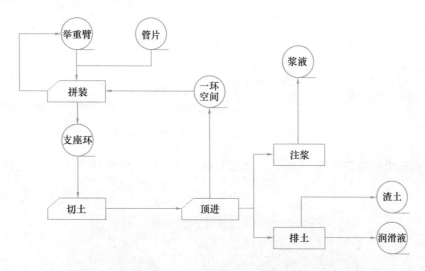

图 6-32 盾构法施工拼装过程活动循环图

结合参数反馈的活动循环图,即将活动循环图中涉及的参数提取出来,作为计算模块
所需的参数,参与到计算模块中。这里的计算模块不同于一般的活动,此活动嵌入于活动
循环图内,但是其活动的进行不需要实体的实际参与,因此是一个特殊的活动。与传统活
动循环图相比,结合参数反馈的活动循环图加入了特殊活动计算模块,同时也需要引入参
数(倒三角)和参数传递(虚线)。其图例如图 6-33 所示。

图 6-33 参数化活动循环图图例

本案例所需要传递的参数为上述讨论的三个施工参数,即渣土净流量与推进速度的比
值、轴线偏离角、注浆填充度。其中渣土净流量与推进速度的比值在排土活动中获得,轴
线偏离角在顶进活动中获得,注浆填充度在注浆活动中获得。盾构施工的参数化活动循环
图如图 6-34 所示。

(2)仿真系统

本案例采用的仿真平台为 Virtools 软件,三维模型由 3ds Max 建立并导入到 Virtools

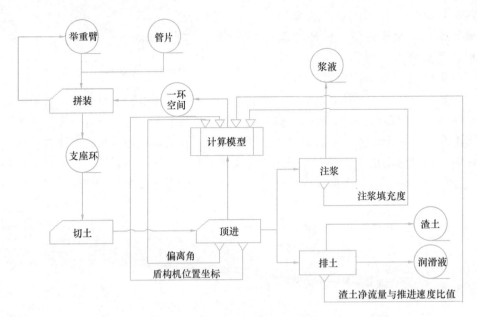

图 6-34　盾构施工的参数化活动循环图

软件中。盾构机模型如图 6-35 所示，分为刀盘、举重臂、举重臂 T 形臂、管片、千斤顶等组成部分。

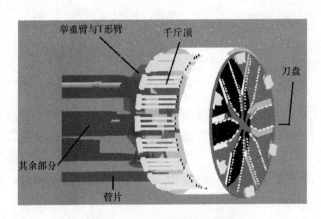

图 6-35　盾构施模型示意图

　　Virtools 软件允许为实体指定行为模组（Building Blocks，简称 BB），每个行为模组与外界有四类接口，分别是流程输入、流程输出、参数输入和参数输出，前两者控制模组行为，后两者在于引入参数和参数共享。流程图是行为模组的集合，使用者将行为模组组合后进行封装，就可以形成行为流程图。在行为流程图的基础上，进一步编写仿真脚本，包括拼装脚本、推进脚本、切土脚本和力学计算脚本，就可实现盾构隧道施工仿真模拟。本案例中的力学计算脚本基于改进的 Loganathan 镜像法计算地表沉降。

　　仿真系统的界面如图 6-36 所示。

　　4. 仿真模拟结果

　　仿真模拟结果的沉降量如图 6-37 所示。仿真模拟了共 302 环的数据，在不进行施工

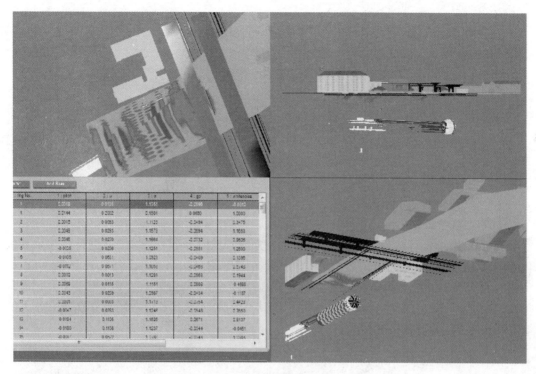

图 6-36　仿真系统界面

参数优化的情况下，在沉降和隆起容许范围（3cm）内的只有 27 环，仅占总环数的 8.9%，整体偏向于沉降，主要原因是渣土净流量与速度的比值 Q/v 的均值明显低于维持盾前损失为零的临界值 187m^2，Q/v 均值过小，导致盾前损失参数过大，因此整体偏于沉降。

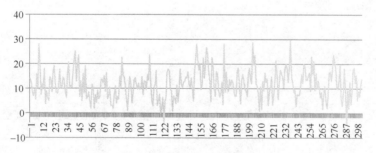

图 6-37　地表沉降模拟结果

　　仿真模拟输出的等效地层损失参数构成如图 6-38 所示。由输出的数据分析可知，造成地层损失的主要来源是盾前损失，盾前损失也是三种地层损失中跳动最大的，故沉降结果的不稳定性主要是由于 Q/v 序列的不稳定和其均值过小引起的；盾上损失也是造成地层损失的主要原因，主要引起沉降，不会引起地表的隆起；其影响程度比盾前损失小，盾后损失主要起到补偿地层损失的作用，这里不但没有引起地层损失，还起到了防止地层损失的作用，因此注浆是防止地表沉降的主要方式，注浆量的多少将决定地表沉降或隆起的量。

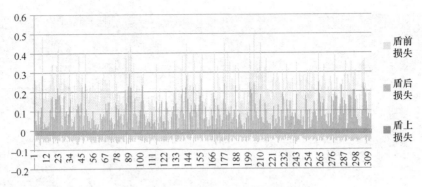

图 6-38　等效地层损失参数的构成

5. 施工参数优化

　　为了控制地表沉降，对施工参数进行优化，首先对 Q/v 序列的均值进行优化，其优化的原则是使盾前损失为零，其中将 Q/v 序列的均值从 180.66m^2 增大至 187m^2，可以得到图 6-39 结果。优化之后沉降相对均匀，其中沉降在允许范围内的环数为 115 环，占总环数 38.1%，其直方图如图 6-40 所示。但是从其整体形态上来看，还是存在距离较大的情况，还需要对白噪声的标准差进行控制。

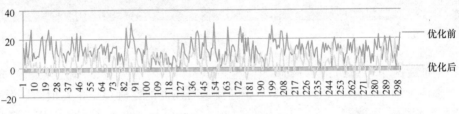

图 6-39　Q/v 序列均值优化前后对比

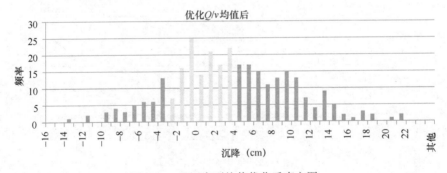

图 6-40　Q/v 序列均值优化后直方图

　　在以上基础上，对参数的白噪声标准差进行优化。由于渣土净流量和推进速度比值序列和偏离角序列都是随机过程序列，并不能对其本身的标准差进行控制，只可以根据控制其白噪声的标准差间接控制序列的标准差，将原 Q/v 序列白噪声标准差由 3.67m^2 改至 1m^2，偏离角序列白噪声标准差由 0.012rad 改至 0.005 rad，严格控制偏离角，注浆填充度的统计性质不改变，可以得到如图 6-41 的结果。沉降在容许范围内的环数为 207 环，占总环数的 68.5%，沉降量分布如图 6-42 所示。

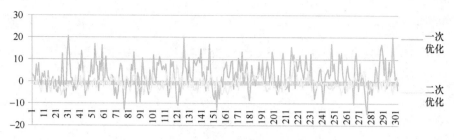

图 6-41　Q/v 序列均值优化前后对比

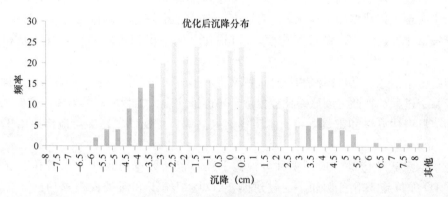

图 6-42　优化后沉降分布

仿真结果显示大直径盾构隧道地表沉降量控制的难度较大，施工参数优化后仍然一定比例超出沉降容许范围，这就要求施工时更加准确地设定施工参数值，并更加精细化地控制施工参数的变化量。

习　　题

1. 试述人工智能与机器学习的关系。

2. 机器学习有哪几种类别？

3. 什么叫蒙特卡罗仿真？试举一个蒙特卡罗仿真的算例。

4. 大数据有哪几个特点？

5. 有一矩形截面混凝土梁，梁高 12，梁宽 6，坐标轴设置于形心处，该梁同时承受弯矩 M_x、M_y 和轴力 N 作用。

(1) 列出计算该梁右上角顶点（3，6）处应力的表达式。

(2) 绘制典型 MP 神经元的图示，并给出表达式；

(3) 比较上两问的答案，用 MP 神经元判断该梁右上角顶点（3，6）处在 M_x、M_y 和 N 作用下是受拉还是受压。要求：激活函数采用阶跃函数，输出 1 代表受拉，输出 0 代表受压；算出 M_x、M_y 和 N 的权重 W_x、W_y 和 W_N 以及偏置值。

第7章 土木工程信息表达

7.1 概 述

土木工程在规划、勘察、设计、施工和运营维护过程中产生大量数据，信息表达的目的是为了实现工程数据的可视化表达和交互。土木工程信息表达包括建模（包括地质体、地下管线、建筑、结构、设备等建模）、可视化（例如虚拟现实和增强现实）和三维打印等。

传统土木信息通常以图纸和设计说明文件等形式表达，这些文件一般属于工程的某个阶段或某个过程，彼此之间联系比较松散，不能适应现代工程发展的需要，需要采用更加有效的信息表达方法和工具，将土木工程信息高效、可视、主题突出地传递给工程相关人员。

土木信息表达应综合应用多种可视化手段，包括数据可视化，二维和三维模型可视化，4D虚拟施工等。例如，通过建模、4D虚拟施工和碰撞检查等功能，合理安排施工工序，优化进度计划，协同各专业间工作，实现工程施工进度的合理安排和有效控制。

土木信息表达应实现信息集成化。合适的土木信息表达可为工程项目提供全面、准确的数据支持，方便项目管理人员随时提取所需信息。例如，编制进度计划时，通过施工模拟，将进度计划静态信息转化为动态模型，实现进度信息化和实时化，确保建设项目的建设进度，利用图像形式可以直观清晰地显示进度计划等。

7.2 可视化理论与技术

7.2.1 人类视觉感知

1. 记忆

记忆是大脑的一种功能体现，大脑不仅可以存储信息，还可以进行信息处理和推理分析，是人类视觉感知的基础。实际上，人眼接收到光线，形成一个视觉刺激，并传递给视网膜上的神经元形成神经信号，最终传递到大脑，由大脑感知、处理和分析、存储图像，形成记忆。

认知心理学根据记忆持续的时间长短分成感知记忆（瞬时记忆）、短时记忆和长时记忆。感知记忆持续时间通常短于200~250毫秒，可以通过感觉器官，如眼睛存储瞬时记忆，不受意识控制，完全主动形成，经常发生于主动注意过程。感知记忆的积累就可形成短时记忆（例如集中注意力持续观察图像），通常发生于被动注意过程。短时记忆存储信息的能力有限，一段时间过后便会遗忘。有目的性地对短时记忆进行周期性训练，或采用联想的方式存储信息可形成长时记忆。

2. 注意力机制

注意力机制源于对人类视觉的研究。在认知科学中，由于信息处理的瓶颈，人类会选择性地关注所有信息的一部分，同时忽略其他可见的信息。该机制通常被称为注意力机制，人类视觉感知数据，形成可视化图像信息的过程，可分为主动注意过程或被动注意过程。

（1）主动注意过程

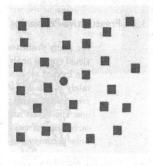

在眼睛看到图像的瞬间（短于200～250毫秒）就能感知出存在于大量干扰图形中需要识别的对象，在整个获取信息的过程中，人基本处于无意识状态，不需要集中注意力。人的视觉感知系统对于图形元素的某些特征具有敏感性，利用这些图形特征可在无意识的情况下快速、主动感知图像。常用的图形特征有：颜色、格式、空间位置等。如图7-1所示，人眼可在瞬间直接识别目标对象，即一群正方形对象中的"圆形"对象。

图7-1 主动注意过程

（2）被动注意过程

人的眼睛看到了图像，并且对图像至少已经有了短期记忆，必须集中注意力才能进一步获取想要的信息。该过程需要进行简单的分析，且消耗一定的时间，图像的复杂程度直接关系到消耗时间的长短。例如，如图7-2所示，通过主动注意过程可以快速感知出柱状图，但是想要获取最长或最短的柱状图对应的数值和国家则需要集中注意力仔细观察图形。

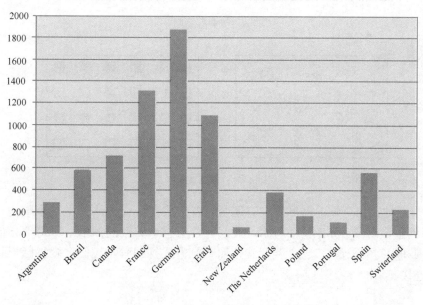

图7-2 被动注意过程

3. 格式塔理论

格式塔理论（Gestalt Principles）描述了人类视觉感知系统如何组织视觉数据，表明图像的整体不是各组成部分的简单求和，往往具有更深层次的含义，为可视化设计奠定了理论基础。例如，对于图7-3，人们首先感知到的是一个小房子，仔细观察细节部分可以发现该图像由简单的几何元素（一个三角形和三个矩形）组成，几何元素的叠加已经表达了新的含义（小房子）。

图 7-3　对象与背景
分离原则

　　格式塔理论主要包含以下几个原则：

　　① 对象与背景分离原则：基于视觉元素特征（如颜色、大小、对比等），人的视觉感知能力往往会从背景中分离出图形对象。例如，图 7-3 中的图形可分为两部分：小房子（各几何元素被认为是一个整体）和黑色的背景。

　　② 邻近原则：位置靠近的元素会被感知成一个群体。例如，图 7-4 中，左图被感知为独立的元素，右图则为四个群体。

　　③ 相似原则：具有相似图像特征的物体（如：颜色、形状、大小、方向或纹理等）很容易被感知为一个群体。如图 7-5 所示，左图大小相同的为一个群体，而右图颜色相同的被感知为一个群体。

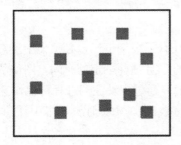 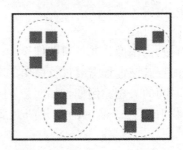

图 7-4　邻近原则

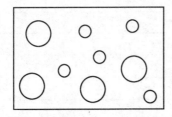 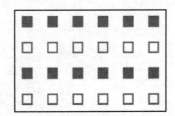

图 7-5　相似原则

　　④ 闭合原则：当对象不完整或没有闭合，各组成部分会被认为是一个整体，并感知（脑补）得到整体图像。如图 7-6 所示，我们往往会感知完整的图形，尽管部分信息已经缺失（左图和中间的图形）；或者当元素按照一定方式排列时，人们会觉得圆形是由白色的正方形连接起来的（右图）。

图 7-6　闭合原则

7.2.2 数据可视化

1. 数据可视化概念

数据可视化（Data Visualization）是指基于人的视觉感知原理，利用计算机图形学和图像处理技术，将数据转换成图形或图像在屏幕上显示出来，再进行交互处理的理论、方法和技术。随着技术的快速发展，人类已经进入了数据爆炸的时代，庞大而繁杂的数据甚至会严重干扰人们的生活，然而，数据中又蕴含着大量有价值的信息，数据可视化可以帮助人们从海量数据中发现有用的信息，从而帮助人们做出正确决策。

根据数据集本身所具有的不同特性，数据可视化可以分为信息可视化（Information Visualization）和科学可视化（Scientific Visualization）。信息可视化主要用于实现抽象数据（是指与物理空间无关的数据，通常不具有空间维度，如股市的涨幅数据等）的可视化表达。科学可视化处理的数据与物理空间关系密切，旨在通过可视化手段展示科学实验或揭露自然界中存在的本质现象，例如，飞机在飞行过程中机翼周围的空气流动情况、地球臭氧层空洞的密度等。本书所指的数据可视化一般为信息可视化。

2. 数据可视化表达流程

原始数据（数据集）通常杂乱无章，缺乏严密的数据结构，并不适合直接生成视图。因此，还应对数据进行预处理和数据变换等操作，将原始数据转变成具有特定数据结构的新数据集，然后通过视觉映射形成一定的视觉结构，最后生成视图方便用户数据挖掘或数据分析，提取有用的信息，如图 7-7 所示[44]。

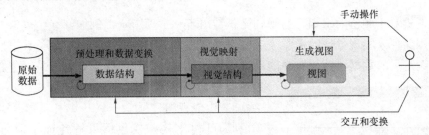

图 7-7　数据可视化表达流程

（1）预处理和数据变换

对原始数据集进行预处理和数据变换，生成具有数据结构的新数据集，是形成良好可视化表达效果的前提条件。如图 7-8 所示，为可视化表达某论坛上用户读取消息和发表意

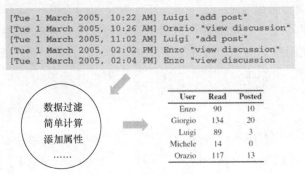

图 7-8　预处理和数据变换

见情况，从日志文件中获取原始数据，通过数据过滤、简单计算和添加属性等方法形成具有一定数据结构的表格数据。

（2）视觉映射

视觉映射需要定义与可视化表达的数据相对应的视觉结构，包括空间基底、图像元素、图形特征三个要素。空间基底定义了可视化空间的维度，例如笛卡尔空间有 x 轴和 y 轴两个基底，可以分别映射不同的数据属性类型。图形元素指四种基础的视觉元素，即点、线、面和体。图像特征包括人眼视网膜敏感的大小、方向、颜色、纹理和形状等，不同的图形特征被感知的准确性不尽相同，如图 7-9 所示。

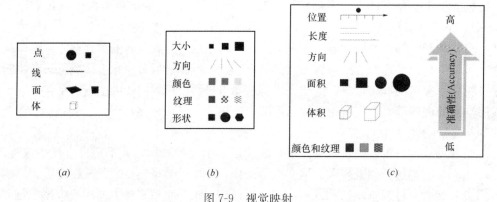

图 7-9　视觉映射

（a）图形元素；（b）图形元素特征；（c）图形特征被感知的准确性

人类视觉对于颜色的感知容易受到文化、语言和生理影响，例如红绿色盲人群的存在使得在使用颜色来实现数据的视觉表达时应格外慎重。颜色适用于表达分类数据，单个颜色对于表达定量的数据属性和有序的数据属性并不友好，有序数据集可以采用色标的方式来表达，如图 7-10 所示。

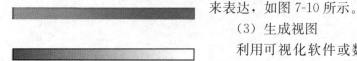

图 7-10　色标用于表达有序数据集

（3）生成视图

利用可视化软件或数据可视化库生成可视化视图。在图 7-8 所示的例子中，将属性"read"和"post"分别映射到 x 轴和 y 轴，图形要素选取"点"；图形特征选择"蓝色"和"正方形"并附加标签文字来进行数据可视化表达，直观反映各用户在论坛中的读取信息和发表意见具体情况，如图 7-11 所示。

3. 数据可视化设计效果

在进行可视化设计时，由于多种因素的干扰，可视化效果有可能无法满足或吸引用户，甚至令用户感到困惑。例如，可视化过程中图像信息失真、遮挡或损失，缺少对视图或色彩搭配的控制等。事实上，创建出一个"美"的可视化效果，应充分考虑新颖、充实、高效和美感 4 个关键因素[45]。

（1）新颖

与众所周知的可视化方法（柱状图、散点图等）相比，以一种崭新的视角或风格观察和显示数据，将极大地激发观众的热情，更有利于探索数据中存在的规律。新颖性是形成"美"的可视化效果的创新所在，但是如果一味地追求新颖，忽略了数据本身的特性也有

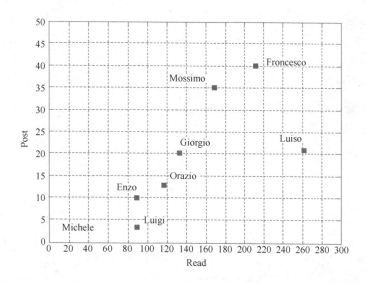

图 7-11 生成视图

可能会丢失潜在的价值。

（2）充实

有效的可视化应提供丰富且实用的信息，明确想要表达的信息和应用场景。明确了想要传递的信息或目标之后，才能更好地对原始数据进行预处理，判断出有用的数据，否则将会分散注意力。可视化应用场景分为两种，一是通过可视化揭示已知数据蕴含的信息，属于解释型工具；二是通过可视化探索隐藏在数据中的未知规律、验证假设等。

（3）高效

信息量丰富的可视化并不一定高效。所谓高效，是指在设计可视化时应直观、清晰，使得用户可以在短时间内找到想要的信息。一个"美"的可视化效果一方面应在视觉上突出重要的因素，另一方面应弱化非相关性细节展示，减少视觉噪声的干扰。

（4）美感

满足充实和高效的基本需求之后，还应考虑可视化是否具有一定的艺术效果。适当地使用布局、色彩、图标和风格等可视化审美元素可以给用户的视觉带来愉悦享受，使用户更加轻松、舒适地接受展示的信息。

因此，数据可视化表达应具有一定的创新性，符合数据集本身的特性，且满足以下几个原则：

（1）图像的选择：选择合适的图像有利于展现"有趣的数据"。

（2）视觉完整性：可视化过程中，图像不应该失真或产生对数据错误的解释。

（3）数据墨水比（data-ink ratio）：确保图像中与数据本身无关的装饰性元素（边框、插图、背景和 3D 效果等）或多余的透视效果最小化，将更多的笔墨集中于数据本身的特征。

$$\text{data-ink ratio} = \frac{\text{data-ink}}{\text{total ink used}}$$

（4）美学效果：复杂的数据应搭配简单、合适的设计，注重细节，避免出现内容空洞的装饰性元素。

例如，均匀利用视觉空间，减少装饰性元素的突出表达，如图 7-12 和图 7-13 所示。在图 7-12 中，左图的数据过于偏向右侧，左侧的空间只突出显示了轴线，造成视觉空间的利用率降低；而右图的数据点均匀分布在视觉空间中，可视化表达效果更好。在图 7-13 中，左图的数据过于密集，且图形的标签、网格、轴线刻度等元素篇幅过多，显得十分杂乱，已经严重影响了数据可视化的效果；通过简化后，形成的右图比较清晰，具有一种简洁美。

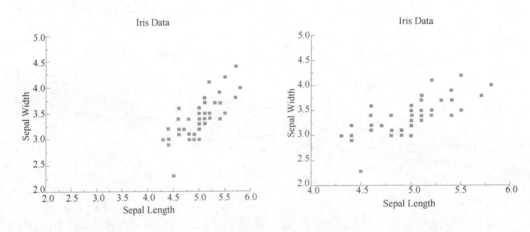

图 7-12   均匀利用视觉空间

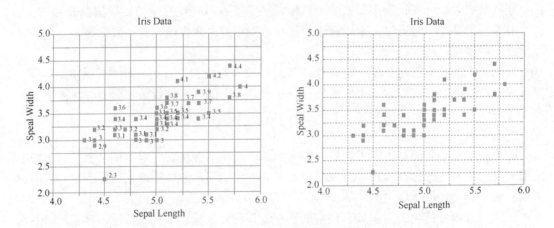

图 7-13   数据可视化之简洁美

4. 简单的数据可视化方法

实际应用中，通常会采用二维表格这种结构化数据形式来存储数据。根据数据集属性的不同，可分为单变量数据可视化、双变量数据可视化、三变量数据可视化和多变量数据可视化。对于具有网状结构和层次结构的复杂数据集在这里不展开介绍。

（1）单变量数据可视化

数据集中只有一个属性发生变化时，可通过单轴散点图或柱状图可视化，比表格更加直观，方便对比分析和查看数据分布情况。如图 7-14 所示，表达的是某年份各国家的 GNP 数据，可直接获取 GNP 最高或最低的国家及具体数据。

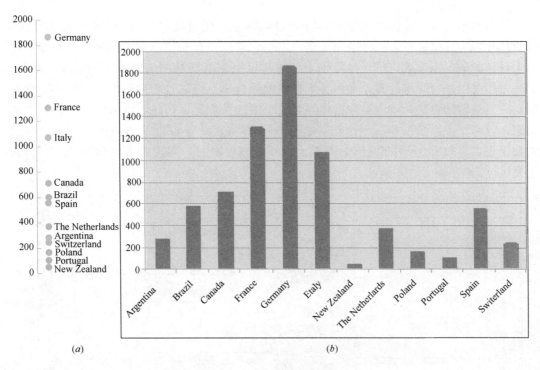

(a)   (b)

图 7-14 单变量数据可视化

(a) 单点散点图；(b) 柱状图

（2）双变量数据可视化

数据集中有两个属性发生变化时可通过二维散点图可视化。如图 7-15 所示，将各国家某年份货物进出口数据分别映射到 x 和 y 轴，可准确反映各国家进出口分布情况，参考中位线可以很快判断出各国家的进出口水平。

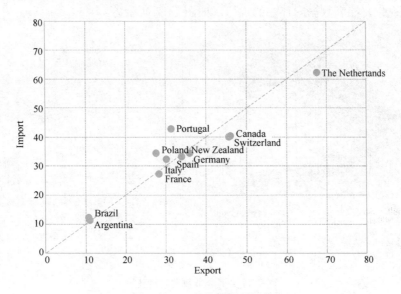

图 7-15 双变量数据可视化

（3）三变量数据可视化

数据集中有三个属性发生变化时可通过三维散点图可视化。随着数据维度的增加，人类感知能力逐渐降低，三维空间数据的表达效果往往存在数据点遮挡问题，且难以将某个具体的数据点准确定位至坐标轴上，通常可采用旋转视图的方式增强可视化效果。此外，还可以进行降维处理，采用二维散点图结合第三维属性与图形特征（大小、颜色等）——映射的方法，将三维数据集降为二维平面数据集。但是，此方法仍然存在遮挡问题，且对于多维数据集适用性低。如图 7-16 所示，具有 GNP、进口和出口三个属性的数据集，将 GNP 分别与圆形的面积、圆形的颜色映射，实现三维数据集的二维可视化表达。

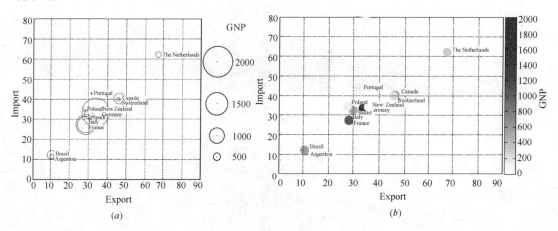

图 7-16   三变量数据可视化
（a）二维散点图＋面积属性；（b）二维散点图＋颜色属性

（4）多变量数据可视化

数据集中有多个属性（≥4）发生变化可通过常用的平行坐标法、散点图矩阵等方法实现数据可视化，探究数据间存在的规律，如图 7-17 所示。

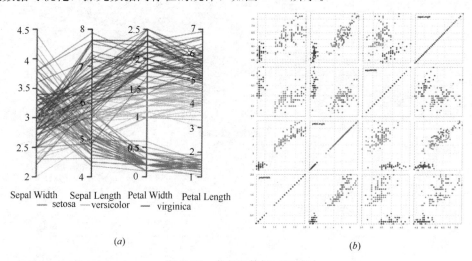

图 7-17   多变量数据可视化
（a）平行坐标法；（b）散点图矩阵

平行坐标法是指将数据集中的多个属性分别映射到竖直、等距且平行的坐标轴上。一个在高维空间的点被表示为一条拐点在 N 条平行坐标轴的折线，且各坐标轴上的刻度对应着属性的数值。但是具有非相邻属性间的关系难以直接反映等缺点，需要不断调整坐标顺序。

散点图矩阵是指将多变量数据集中的每两个属性组成一个二维散点图，两个属性分别映射到两个坐标轴上，将各个二维散点图按照一定的顺序组成矩阵，可直观显示多变量数据集中各属性的相关性。但是当数据集属性很多时，由于空间有限，无法直接显示各数据点的具体数值。

5. 可视化评估

可视化评估受到视觉表达、人机交互与用户体验等多因素影响，对于基于可视化表达的系统，需要评估的内容通常包括：

① 功能，即可视化系统是否提供了用户需求的所有功能；

② 有效性，即可视化系统是否有效、准确地表达出了数据中蕴含的有用信息；

③ 效率，即可视化系统所选用的可视化方法比系统提供的其他工具更快地表达信息；

④ 可用性，即用户的图形界面交互是否简单直观；

⑤ 实用性，即选择的可视化方法表达的信息对用户是否具有价值。

7.2.3 可视化技术与工具

1. 数据可视化工具

数据可视化主要通过非编程和编程两类工具实现。常见的非编程类数据可视化工具是微软的 Excel，使用门槛比较低，其提供了丰富的数据可视化类型与模板，可以直接生成需要的数据可视化图表。数据可视化编程工具包括以下三种类型：从艺术的角度创作的数据可视化，比较典型的工具是 Processing；从统计和数据处理的角度，既可以做数据分析，又可以做图形处理，如 R 语言；介于两者之间的工具，既要兼顾数据处理，又要兼顾展现效果，多为基于 JavaScript 或 python 的数据可视化工具，更适合在互联网上交互式展示数据，如 Matplotlib、Highcharts、Echarts、D3.js 等都是很不错的选择。

Matplotlib 是一个功能较强的 Python 的 2D 图形可视化库，可以通过简单的代码轻松实现散点图、折线图、直方图、柱状图、箱线图等常见图表。Highcharts 是一个用 JavaScript 编写的图表库，能够很简单便捷地在 Web 网站或是 Web 应用程序添加交互性图表，支持的图表类型有曲线图、区域图、柱状图、饼状图、散状点图和综合图表等。Echarts 也是一个 JavaScript 编写的图表库，兼容当前绝大部分浏览器，提供直观、生动、可交互、个性化的数据可视化图表。

D3.js 是一个用于实时交互式大数据可视化的 JavaScript 库（D3 是 Data-Driven Documents，即数据驱动文件的缩写），它通过使用 HTML、CSS 和 SVG 来渲染图表和分析图，提供大量线性图和条形图之外的复杂图表样式，如图 7-18 所示。除此以外，这个 JS 库将数据以 SVG 和 HTML5 格式呈现，所以像 IE7 和 8 这样的旧式浏览器不能利用 D3.js 功能。

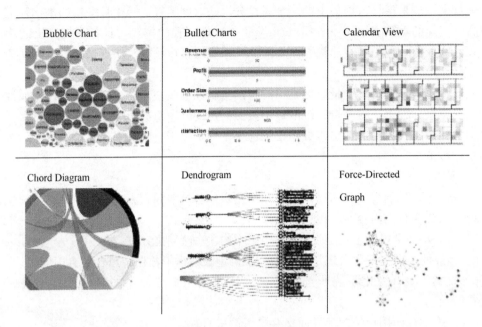

图 7-18   D3. js 部分图表

2. Web 图形技术

Web 图形技术包括二维 Web 图形技术与三维 Web 图形技术。在二维矢量图形技术中，常用的有 VML（Vector Markup Language）和 SVG（Scalable Vector Graphics）等。VML 是一种 XML 语言用于绘制矢量图形；SVG 为可缩放矢量图形，是基于可扩展标记语言（标准通用标记语言的子集），用于描述二维矢量图形的一种图形格式。是一个开放标准。

三维 Web 图形技术包括 VRML（Virtual Reality Markup Language）、X3D、WebGL（Web Graphics Library）、3DXML 等。VRML 是互联网 3D 图形的开放标准；X3D 基于 XML 格式，是一种专为互联网而设计的三维图像标记语言，是 VRML 标准的最新的升级版本；WebGL 是一种 3D 绘图协议，在浏览器里更流畅地展示 3D 场景和模型，还能创建复杂的导航和数据视觉化。Three. js 是一款运行在浏览器中的 3D 引擎，是以 WebGL 封装的 3D 库，创建三维场景可包括摄影机、光影、材质等各种对象，如图 7-19 和图 7-20 所示。

3. VBA 技术

在 CAD 软件中利用 VBA（Visual Basic for Application）技术实现工程数据可视化也是一种非常有效的途径。AutoCAD 提供了适用于 VBA 的 ActiveX Automation 对象模型，它暴露一系列的对象，每个对象包含一系列方法和属性，供外部程序调用和访问。简言之，通过 VBA 技术，一个程序可以利用 AutoCAD 的图形功能，并且告诉 AutoCAD 如何去绘图，实现工程数据的可视化，并在基础上开发更为复杂的交互功能。AutoCAD 从 R14 开始就提供 VBA 技术。如图 7-21 所示，利用 CAD 的 VBA 技术进行二次开发，实现了一个隧道有限元网格模型的可视化。

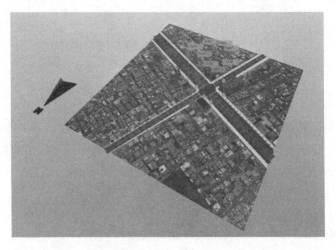

图 7-19 Three.js 案例 1（地铁车站导航模型）

图 7-20 Three.js 案例 2（建筑监测模型）

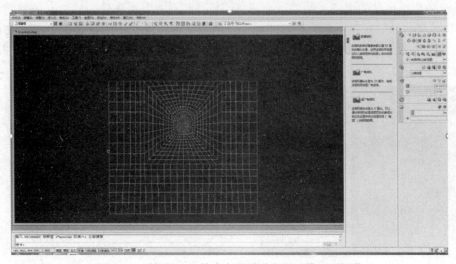

图 7-21 利用 VBA 技术实现隧道有限元模型可视化

7.3　虚　拟　现　实　技　术

7.3.1　虚拟现实技术概述

虚拟现实技术（Virtual Reality，简称 VR）是指采用三维计算机图形技术、多媒体技术、网络技术、仿真及传感等，并融合图像、声音、动作行为等多源信息的仿真模拟系统，使用户沉浸在三维动态视景中，且能与系统进行感知交互，并对用户的输入进行实时响应，具有交互性、动态性、多感知性、实时性等特征。

虚拟现实技术的发展大致分为五个阶段：概念产生（1950 年以前），虚拟现实概念最早出现在美国作家 1935 年的一篇科幻短文中，文中描绘了一个能够记录味觉和触觉的虚拟现实系统；萌芽阶段（1950～1970 年），其里程碑事件是 1968 年美国计算机科学家在哈佛大学组织开发的第一个计算机图形驱动的头盔显示器及头部位置跟踪系统，为该技术的发展奠定了重要基础；初步形成阶段（1970～1990 年），其重要标志是 1985 年 VIEW 虚拟现实系统的出现，该系统通过数据手套和头部跟踪器能提供手势及语言的交互功能，成为名副其实的虚拟现实系统；进一步完善和应用阶段（1990～2000 年），如 1991 年日本世嘉公司为街机游戏推出的能够追踪和反馈用户头部活动的世嘉 VR 耳机，1996 年 VR 设备第一次通过网络连接到因特网等；大规模应用阶段（2000 年至今），开始广泛应用到科研、航空、医学、军事等人类生活的各个领域。

虚拟现实技术应用广泛，例如应用虚拟现实技术，将三维地面模型、正射影像和城市街道、建筑物及市政设施的三维立体模型融合在一起，再现城市建筑及街区景观，可为城建规划、社区服务、物业管理、消防安全、旅游交通等提供可视化空间地理信息服务。

应用虚拟现实技术需要了解以下一些基本概念。

（1）场景与静态物体。以飞行模拟为例看，跑道、地形等场景是静态的物体（图 7-22）。

（2）动态物体。与静态物体相对应的是动态物体。动态物体是指能够整体运动或者局部构件能做相对运动的物体，例如运动的直升机和相对直升机主体来说也在运动的螺旋桨（图 7-23）。在 CAD 软件中不关注物体运动，但是在虚拟现实中不仅要关心静态物体，还要关心动态物体。定义动态物体，在虚拟现实软件里面通过添加物体的自由度（DOF-Degree of Freedom）来实现。

图 7-22　静态场景

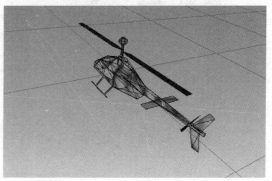

图 7-23　动态场景

（3）环境、灯光和雾。在虚拟现实场景里，环境、灯光和雾对可视化效果也很重要（图 7-24）。灯光的效果是真实场景中必不可少的部分，但是每加一个灯光，场景就会多出很多运算。

图 7-24 环境-灯光、雾

（4）观察者及运动模型。在一个虚拟现实系统里通常都有一个观察者。运动模型就是观察者和动态物体的各种运动行为，即观察者和动态物体可以有什么动作。

（5）细节层次技术。一个好的虚拟现实系统不仅可视化效果要好，还必须保证图像的刷新率不低于 30 帧/s。为了保证良好的效果，一般必须采取层次细节（LOD，Level Of Detail）技术。

（6）碰撞检测。碰撞检测是指观察者和动态物体在运动过程中，检测与其他物体会不会发生碰撞。为了得到较为真实的虚拟现实效果，如果检测到碰撞，一定要有对碰撞的响应。

虚拟现实技术涉及动态环境建模、实时三维图形生成技术、立体显示和传感器技术、应用系统开发工具和系统集成技术等多个方面。虚拟现实常用的软件有 Unity3D、Unreal Engine（UE）、Virtools 和 Vega 等。Unity3D 是一款游戏引擎，容易上手，可视化效果也很好；Unreal Engine 是一个顶尖游戏引擎，功能十分强大，但学习成本比 Unity3D 要高；Virtools 类似于 CAD 建模软件，建立的是场景模型，不需要编代码，比较简单；Vega 是一款专业的虚拟现实 C++引擎，可以通过编写程序实现功能强大的虚拟现实系统。

7.3.2 虚拟现实技术应用案例

1. 钢结构基本原理虚拟仿真实验

钢结构基本原理实验是土木工程专业课程教学体系中非常重要的实践性教学环节，原有的实验平台分演示实验和自主实验两个部分。由于教学设备有限、试验结果受人为影响因素多、靠近观察试验现象具有一定危险性等多种条件约束，结合虚拟现实和动作捕捉技术，开发了 H 形截面轴心受压构件和高强度螺栓剪切板连接等两个钢结构基本原理虚拟实验。

实验运用了大空间多人交互 VR 商用解决方案，系统架构如图 7-25 所示。系统通过光学动捕系统实现覆盖大空间的精确定位；通过手柄或手套等可追踪工具形成惯性动捕系统；光学动捕系统和惯性动捕系统通过网络和高性能服务器形成混合动捕系统；系统具备实时渲染、数据融合功能。动捕系统与 VR 共同建立多人可交互体验环境。

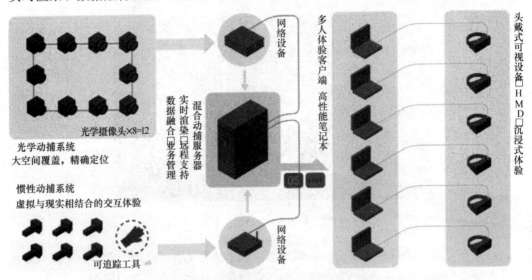

图 7-25   大空间多人交互 VR 商用解决方案

图 7-26 所示为钢结构基本原理虚拟实验平台。实验平台面积为 5m×7m，含 1 个控制中心，4 个体验位，体验位全景及互动场景如图 7-26（a）、（b）所示。如图 7-26（c）

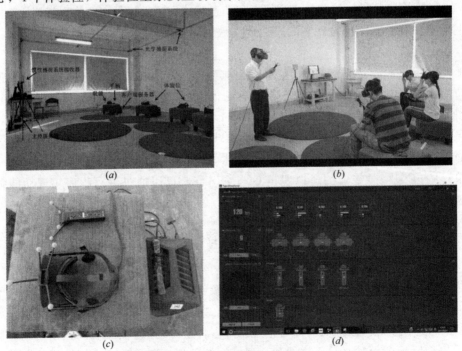

图 7-26   钢结构虚拟实验平台

（a）钢结构基本原理虚拟实验平台；（b）体验场景；（c）含动捕传感器的眼镜、
手柄和客户端服务器；（d）虚拟实验平台软件界面

所示，每个体验位设置 1 台服务器，1 个 Oculus 头戴显示设备，1 个 Wii 手柄，头戴显示设备和手柄都配置了 Alice 专用节点传感器。顶篷设置 8 个光学摄像头，与 Legacy 惯性传感器无线接收单元协同工作，通过接受各个位置节点传感器信息捕捉体验者的体位和动作信息。实验设备通过控制服务器的 Alice 套件驱动，正常状态下摄像头、眼镜、手柄及服务器均处于联通状态。

如图 7-27 所示为 H 形截面轴心受压构件虚拟试验及高强度螺栓剪切板连接虚拟试验。在实验过程中通过手柄控制体验者与虚拟环境互动。

(a)

(b)

图 7-27 钢结构基本原理虚拟实验内容

(a) H 形截面轴心受压构件虚拟实验；(b) 高强度螺栓剪切板连接实验

　　H 形截面轴心受压构件虚拟试验可以选择 3 根不同截面 H 形截面柱轴心受压实验，体验者可选择试件、选择加载装置、确认测点布置；在实验过程中体验构件实时加载变形过程，同时通过测点捕捉和纤维捕捉，实时显示实验过程的荷载-变形曲线和荷载-应变曲线，近距离体验捕捉纤维的应力应变变化。

　　高强度螺栓剪切板连接虚拟试验可以选择两个不同的连接板装置，分别显示螺杆剪断和剪切板挤压两种破坏模式。体验者可选择连接板，选择加载装置，确认测点布置；在试验过程中体验连接板实时加载变形过程，同时通过测点捕捉，实时显示试验过程的荷载-变形曲线和荷载-应变曲线，近距离体验连接板破坏过程。

　　2. 土力学三轴剪切虚拟仿真试验

　　土力学三轴剪切试验是土木工程专业课程教学体系中非常重要的实践性教学环节，但是由于教学设备有限，实验步骤繁琐、耗时，试验结果受人为影响因素多等多种条件约束，将虚拟现实技术与土力学三轴剪切试验相融合，开发了土力学三轴剪切虚拟试验虚拟仿真试验 系统（图 7-28），作为传统教学的重要补充。该系统不受场地影响，实验具有可重复性，同时减轻老师课时、学校实际投入成本。

图 7-28　三轴剪切试验三维数字模型

　　首先将三轴剪切试验中涉及的三轴仪和附属设备建成三维数字模型，按照实物比例测量制作，保证每个部件可拆卸和分解展示，模型的材质根据真实照片实际还原，共构建模型 40 多套，真实还原复杂场景。

　　试验流程由土样获取、土样制备、仪器操作和数据处理四个方面组成。在土样制备、仪器操作和数据处理时，通过鼠标控制试验操作，图 7-29 给出了部分操作过程示例。

　　土力学三轴剪切虚拟试验虚拟仿真试验系统（图 7-30）集成了权限模块、原理模块、教学模块、学习模块和考核模块五大模块。权限模块提供教师和学生两种类型权限；原理模块可以查看实验相关文档和视频、针对实验设备，提供设备三维展示功能和设备信息、帮助手册等。试验分为教学模式、学习模式和考核模式三种模式。教学模式下，对每个实验步骤提供了关键信息、物体高亮等信息提示功能；学习模式下，不带提示信息，每个步骤完成之后，立即判断操作正误；考核模式下，提供摄像功能，考核过程不包含提示，对照实验操作自动生成正误判断等。

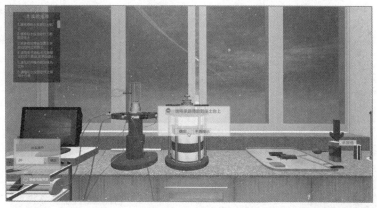

(a)

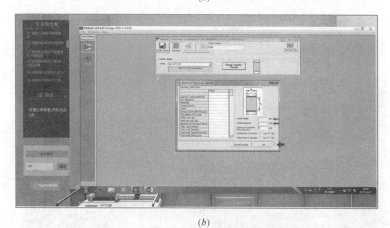

(b)

图 7-29　虚拟土力学三轴剪切试验部分操作

(a) 装载土样到三轴仪上；(b) 填写土样的测量值

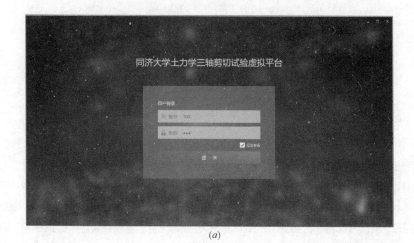

(a)

图 7-30　模块展示（一）

(a) 登录界面

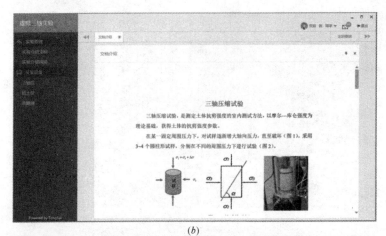

(b)

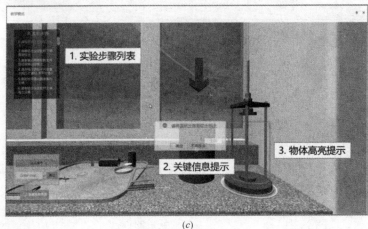

(c)

图 7-30   模块展示（二）

(b) 查看文档；(c) 教学模式

7.4   增强现实与混合现实

7.4.1   简   介

增强现实技术（Augmented Reality，简称 AR）指通过与计算机相连接的光学透视式头盔显示器或配有各种成像原件的眼镜等，让虚拟物体能够叠加到真实场景上，使它们一起出现在使用者的视场中，目的是将计算机生成的虚拟环境与用户周围的现实环境融为一体（图 7-31）。增强现实技术最早是由波音公司的工程师在 20 世纪 90 年代初期提出，并应用在辅助布线系统中。随后相继出现了多种增强现实应用系统，主要集中在医疗、制造与维修、机器人动作路径的规划、娱乐和军事等几个方面。

单纯只有虚拟的场景和物体，则为虚拟现实，将虚拟的物体叠加到真实的场景中则为增强现实，如图 7-32 所示。

Reality　　　　　Virtual Reality　　　　　Augmented Reality

图 7-31　虚拟现实和增强现实

空间定位技术一直是增强现实的关键技术之一，灵活准确地将虚拟场景与真实场景叠加，这样才能将真实与虚拟合成，得到增强现实的场景，使得参与者得到很好的现场感体验。在地面能够接收到 GPS 信号的地方可以利用 GPS 实现空间定位，但在室内或地下，往往接收不到 GPS 信息，此时可采用激光雷达、UWB（Ultra Wide Band，超宽带）定位技术、WIFI 定位技术、RFID 技术、惯性导航定位技术、视觉定位技术以及上述技术的混合应用实现空间定位。

混合现实技术（Mixed Reality，简称 MR）是虚拟现实技术和增强现实技术的进一步发展，该技术通过在虚拟环境中引入现实场景信息，在虚拟世界、现实世界和用户之间搭起一个交互反馈的信息回路，以增强用户体验的真实感。

7.4.2　基于增强体验的隧道火灾逃生试验案例

隧道火灾逃生试验融合隧道内虚拟火灾场景和热感等真实感受，做到了虚实结合和增强体验。以下介绍隧道火灾逃生试验的主体设备、硬件集成系统、软件平台以及相应的试验测试效果。

1. 主体设备

考虑到火灾虚拟逃生过程对于热感等增强体验信息的模拟需求，实验舱主体结构采用一个半封闭的空间形式，四周采用透明材质维护而成，顶部留出一个天窗，用于实验舱与外界的空气交换。位于实验舱内部的为虚拟现实的视景仿真设备，主要包含一个运动捕捉系统和一个头显设备，实验人员进行实验室，将站在运动捕捉系统上，头戴头显设备，进行虚拟火灾逃生，如图 7-32 所示。同时，在实验舱四周，设置四组温度模拟盒，采用热对流的加热方式，为实验舱内提供热感等增强体验效果。最后，在实验舱内设置一系列的数据采集传感器，温度和空气质量传感器用于采集实验舱的环境参数，穿戴式心率传感器，用于采集实验人员的体征参数。

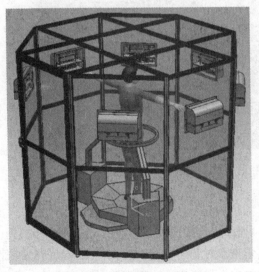

图 7-32　实验舱初步设计图

虚拟现实显示单元（图 7-33）是 HTC Vive 虚拟现实头戴式显示器，此外还包括两个单手持控制器和一个能在空间内同时追踪显示器与控制器的定位系统。

图 7-33 HTC Vive 虚拟现实设备

考虑到实验空间的有限性，采用开放式的空间运动形式势必没法完成场景内跑步等运动的模拟，因此在虚拟现实运动捕捉的设备上选择运动捕捉系统——全向跑步机 Virtuix Omni（图 7-34）。Omni 是一个环状空间，一旦人站在里面之后，就可以在环内移动，它内建了动作侦测硬件与处理软体，可以判别使用者步行的方向与速度，这个运动可以直接转换成用户在虚拟空间中的各种运动方式，比如走路、跑步等。

温度模拟子系统（图 7-35）通过加热形式改变模拟仓的温度，来实现火灾场景中的热感模拟。温度模拟子系统中包含 4 套温度模拟装置，每套装置主要由加热管及风机两种部件组成。温度模拟子系统接收到控制系统发来的控制信号后，加热管按照控制信号设定的功率发热工作，风机则按照指定的转速将热量吹送到实验人员的位置。

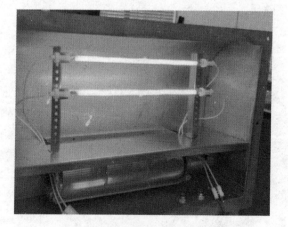

图 7-34 Omni 万向运动捕捉系统　　　　图 7-35 温度模拟盒实物工作图

2. 软件系统

火灾逃生实验系统基于 iS3 平台（详见第 8 章）开发，包括虚拟现实交互模块和实验采集数据存储模块。一方面，火灾逃生虚拟现实试验过程中，对实验人员的运动进行捕捉和实时处理，并将此交互更新到虚拟现实场景之中；另一方面，对实验过程收集的各类数据进行二、三维的数据表达。实验系统的软件界面如图 7-36 所示。

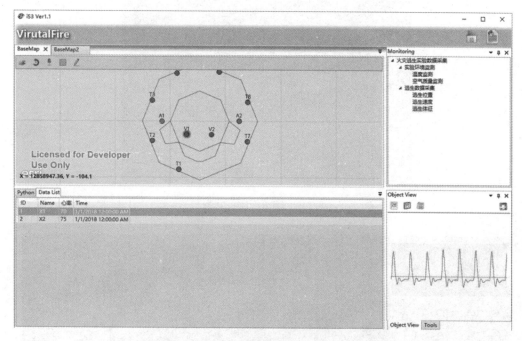

图 7-36　实验管理平台功能图

3. 试验简介

基于上述的火灾实验舱（硬件系统）和相应的实验数据管理平台（软件系统）组成了火灾逃生虚拟实验系统，以隧道火灾逃生为切入点，进行相应的实验测试。

（1）隧道结构场景建模

取一段长为 200m 的分离式隧道作为模拟场地，进行结构场景构建（图 7-37）。该段隧道内设有两个人行横通道和 1 个车行横通道，每个横通道纵向间距为 50m。

图 7-37　隧道平面及三维模型

针对隧道内与逃生相关的消防设备、附属设施进行模型构建，最终形成较为逼真的隧道结构场景（图 7-38）。

（2）隧道火灾场景构建

以隧道内小车着火为例，在隧道内构建了由火焰、烟雾气和警报声组成的隧道火灾场景（图 7-39）。

图 7-38　隧道内细节建模

图 7-39　隧道火灾场景

在火焰和烟雾气模拟方面，采用 Unity 的粒子系统进行模拟构建（图 7-40），由于一维蔓延温度及竖向温度不是很大，因此可以采用理想状态方程，并利用 Boussinesq 假设，有：

$$\frac{\Delta\rho}{\rho_a} = \frac{\Delta T}{T_a} \tag{7-1}$$

结合纵向温度分布和竖向温度变化规律，可得到隧道温度纵向分布和竖向分布。

（3）实验人员

参与本次实验的实验人员 6 人（2 名女生，4 名男生），平均年龄 26 岁。实验前告知实验人员实验目的及实验流程，取得实验人员知情同意。

（4）实验场景设定

基于上述的隧道火灾虚拟场景，设定火源点位于左侧隧道，具体车行横通道 10m 的位置；同时设定逃生初始位置于车行横通道 15m 位置，如图 7-41 所示。

场景火灾于参与人员进入场景之后 10s 后发生，届时一方面烟雾气和温度场会扩散，进行火灾场景模拟。

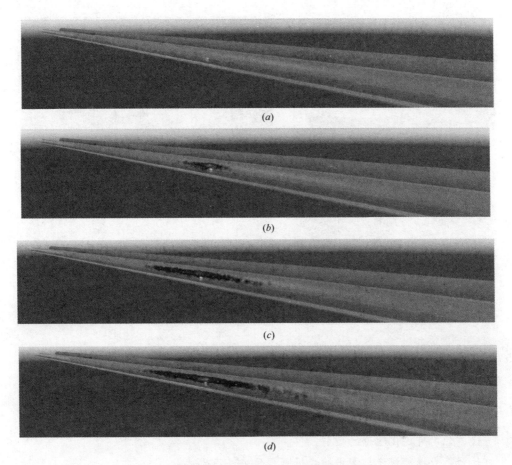

图 7-40　不同阶段烟雾扩散模拟图

(*a*) 0s 烟雾状况；(*b*) 10s 烟雾状况；(*c*) 20s 烟雾状况；(*d*) 25s 烟雾状况

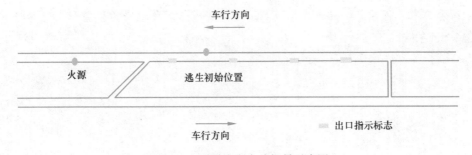

图 7-41　隧道火灾实验场景示意图

（5）实验流程

实验环境为半开放式的透光环境，被试者在万向跑步机上，头戴虚拟现实显示设备，手持运动捕捉手柄。同时，左右手分别接有一个心率传感器，用于检测实验过程心率（图7-42）。被试者处于虚拟场景的隧道内部，当实验开始 10s 之后，隧道火源点发生火灾，虚拟场景内触发烟雾气等粒子显示，外部实验舱内进行温度模拟和数据采集。当被试者成功逃离事故隧道，到达另一侧隧道时，实验结束。

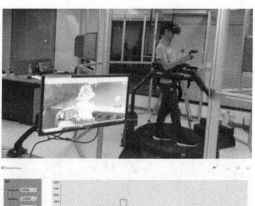
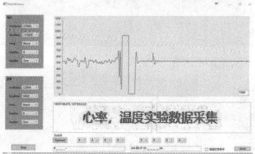

图 7-42　实验操作效果图

习　　题

1. 谈谈你对可视化理论的理解。
2. 什么是数据可视化，常用的数据可视化方法有哪些？
3. 简述常用的可视化技术及相关软件。
4. 观察周边学习和生活，提出虚拟现实案例及应用。
5. 结合土木工程学科，提出虚拟现实、增强现实与混合现实的设想和实现途径。

第 8 章　土木工程信息服务与智慧基础设施系统

8.1　土木工程信息服务

土木工程信息服务是指通过对工程建设活动中所产生大量数据的采集、处理、分析，以信息服务的方式，为土木工程勘察、设计、施工、运维和管理提供信息支持和资源共享。它以"面向土木工程服务"为目的，利用计算机和通信网络等现代科学技术对信息进行生产、收集、处理、加工、存储、传输、检索和利用，并以共享的方式为土木工程建设各个阶段及用户提供支持和决策服务。

工程建设全寿命周期内会产生大量的数据，传统的数据管理方式很难能满足现代工程建设管理的需求。工程参与单位和单位的各部门之间往往会形成"信息孤岛"，不能实现数据快速流通和有效共享。因此需要通过数据的深层加工与分析、可视化及虚拟浏览，利用网络方式进行数据开放和共享，从服务角度为专业应用提供资源。

土木工程信息服务主要包括信息管理服务、专业应用服务、结构综合预警、结构安全评估、数字化服务以及智慧化服务等。它是利用计算机、通信、人工智能、互联网＋、云计算、大数据和物联网等技术手段，对传统土木工程技术手段、施工方式以及运营养护进行改造与提升，促进土木工程技术、施工手段以及运营养护不断完善，实现土木工程活动过程中数据的有序存储、高效传输、实时更新和有效管理，并达到数据共享的目的，为建设及管理提供规划、设计、决策服务。

8.1.1　土木工程信息管理服务

土木工程信息管理服务是通过对工程项目全生命周期内信息的收集、加工、整理、传递、检索和反馈，实现信息资源的合理开发和利用，为工程设计、施工及后期运营各个阶段及各级管理人员及决策者提供信息服务。

土木工程项目有周期长、投资大、协作单位多、组织管理复杂、数据量大等特点，通过信息技术、采用系统工程思想、利用项目管理技术才能在时间成本和资源的约束下，高质量完成项目。在工程实施过程中，将在不同阶段产生的各种类型数据，通过采集存储、加工处理、分析整合，将信息资源共享至各个阶段和各层管理决策者，以实现数据更好地服务于项目建设过程。通过系统地管理工程建设过程中的各类数据，土木信息管理服务可为项目建设各个阶段及各级管理人员和决策者提供所需的信息，信息的可靠性、广泛性、针对性更高，可更好地进行管理目标的控制以及各方关系的协调。

8.1.2　土木工程信息专业应用服务

土木工程信息专业应用服务是指建立在土木工程信息数字化之上，采用云计算、大数据及物联网等技术手段，使用数据采集、数据挖掘、可视化表达及智能分析等方法，为具体工程提供专业应用服务。

　　土木工程信息专业应用服务是一个新的概念，其开始主要是指对土木工程中需要或产生的各种数据信息提供一些专业应用服务，后过渡到对土木工程全寿命周期数据信息的采集、管理及服务。它是对信息化设计、信息化施工和信息化管理集成和整合，在此基础上进一步提供专业应用服务的思想。例如通过射频识别、全球定位系统、激光扫描、数字照相等各种方法对工程数据进行数字化采集，再通过大数据、云计算等方法对数据进行挖掘，提取出信息化设计、施工、管理过程中所需要的各种信息，建立三维乃至四维、五维的可视化模型，从而为工程全寿命周期中各阶段的辅助决策、安全管理、运营维护、安全评估与预警提供专业应用服务。

　　土木工程信息专业应用服务向业主、设计单位、施工单位等各参与方提供了建设工程全寿命周期的数据信息管理及应用服务，包含信息化设计、信息化施工等全方位的服务。

8.1.3　结 构 综 合 预 警

　　结构综合预警的基本思想是通过对结构实时、连续获取的多种监测信息进行分析处理，在考虑与结构安全相关的各因素基础上，提出综合预警指标并确定预警阈值，及时了解和掌握结构的状态变化，快速地判别灾害发生的可能性。

　　结构健康监测是通过在结构的关键位置安装传感器，对使用期内结构各种力学响应进行长期监测，并通过对监测数据的分析研究，实现对结构损伤、退化程度及稳定状况的评价，从而保证结构的安全。目前越来越多的结构安装了健康监测系统，结构综合预警技术逐步进入健康监测领域，得到了广泛应用和长足发展。结构健康监测刚刚兴起时，预警研究主要集中在传感器研发、损伤分析、软件开发等方面。随着结构健康状态综合评价方法的兴起，科学、完善的结构健康监测预警理论体系逐步确立，形成了结构综合预警的概念。

　　在利用同一时刻的监测数据对结构健康及安全状态进行评估和预警时，由于这些监测数据的性质、度量单位、空间位置往往不同，造成既不能单独使用某一传感器的监测数据进行预警，也不能简单的对传感器监测数据直接相加进行预警，而需要通过一定的函数关系将其转化为可度量数据；同时考虑监测数据所占权重，将同度量数据进行加权综合，形成一个综合指标从而实现结构的综合预警，以便有关部门能有足够的时间全面深入地确认灾害发生的可能性，采取及时有效的措施来防止灾害发生或减轻灾害带来的损失。目前常用的方法有基于功效系数分析法的结构综合预警及基于模糊评价法的结构综合预警等。

8.1.4　结 构 安 全 评 估

　　结构安全评估为是采用工程类比、理论分析、监测检测、模型实验等方法，分析结构在外部环境作用下，结构的承载能力和安全状态。

　　以隧道结构安全评估为例，隧道结构在外部环境作用下可能出现裂缝、渗漏水等病害，严重时将影响结构安全性。因此有必要了解结构变形、病害及缺陷的分布位置与发展程度，为隧道结构安全分析、评价及其处置提供依据；通过识别、分析隧道结构中的病害及成因，为评价隧道结构的安全状态提供依据；针对评估结果，制定相应的结构安全控制措施，为隧道结构安全加固设计和管理决策提供指导和依据。隧道结构安全评估方法主要包括：以工程类比为主的经验分析法；以测试为主的实用分析方法，包括收敛-约束法、现场和实验室的岩土力学实验以及室内模型实验等方法；作用与反作用分析模型，主要为荷载-结构模型；连续介质分析法，包括解析法和数值法（以有限元法为主）。其评估流程主要分为评估资料收集、数据采集分析以及评估分析三个阶段。

1. 评估资料收集

收集隧道勘察、设计以及施工等基础资料，同时收集隧道施工及运营期间出现的病害及相应治理措施，全面把握隧道结构特征及历史技术状况。

2. 数据采集分析

通过现场监测手段，分析隧道长期的监测数据，如水平位移、竖向位移、轮廓变形等，了解隧道结构整体变形规律；通过现场调查及检测手段，分析隧道病害调查及质量检测结果，了解隧道结构现有的病害及缺陷。

3. 评估分析

基于上述相关资料及数据，通过室内模型实验、数值模拟、理论计算以及工程类比等方法，分析评估隧道结构的健康度、病害成因及结构状态，最后依据结构安全评估结果，提出相应的结构安全保护处置建议。

目前，结构安全评估中多采用数值模拟法，但普通的数值模拟计算均未考虑隧道结构已有病害对结构安全的影响。随着运营隧道病害日益凸显，基于现场监测数据及病害检测结果，考虑结构变形、衬砌质量缺陷（如衬砌背后空洞、厚度及强度不足）、表观病害（如混凝土裂缝、裂化）对结构承载力影响，建立隧道结构损伤模型，以此评估当前隧道结构安全状态，将成为未来隧道结构安全评估的发展趋势。

8.2　智慧基础设施系统（iS3）

8.2.1　iS3 基本概念

基础设施智慧服务系统（infrastructure Smart Service System，iS3）是指基础设施全寿命数据采集、处理、表达、分析的一体化决策服务系统。iS3 主要服务于道路、桥梁、隧道、综合管廊、基坑等基础设施对象，涵盖从规划、勘察、设计、施工到运营维护各阶段不同信息流节点的全寿命周期。广义上讲，iS3 适用于任何领域的信息化应用。iS3 主要包含全寿命过程数据的采集、处理、表达、分析和一体化决策服务几个部分组成，如图 8-1 所示。

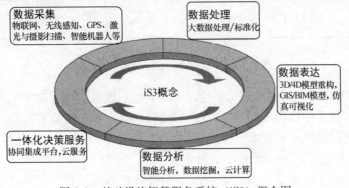

图 8-1　基础设施智慧服务系统（iS3）概念图

　　iS3 平台与地理信息系统（GIS）和建筑信息模型（BIM）既有联系又有区别。GIS 是地理信息捕捉、储存、处理、分析、管理和表达的平台，与 iS3 在信息流管理上是相似的；但是基础设施结构数据在 GIS 中只能作为地理信息的属性数据予以管理，造成该数据在 GIS 中的分散管理，无法满足基础设施信息流通畅的内在需求。BIM 早期针对上部建筑提出，目前已经逐步拓展到土木工程的各个领域，其核心是建立一个统一的建筑全寿命信息模型，并依托此模型实现多种工程应用，包括可视化、造价分析、碰撞检测、施工仿真、能耗分析、结构计算、运营维护等，其应用范围可以覆盖全寿命的各个领域。然而，BIM 并没有一个完全清晰的信息流概念，所有的应用都必须围绕建筑全寿命信息模型这一核心而开展，BIM 不考虑不同工程阶段和不同工程应用之间的信息流通是否通畅。iS3 系统从信息流层面抽象出管理模型、数据模型和分析模型，从而适用于大多数工程的信息化应用集成，如图 8-2 所示。

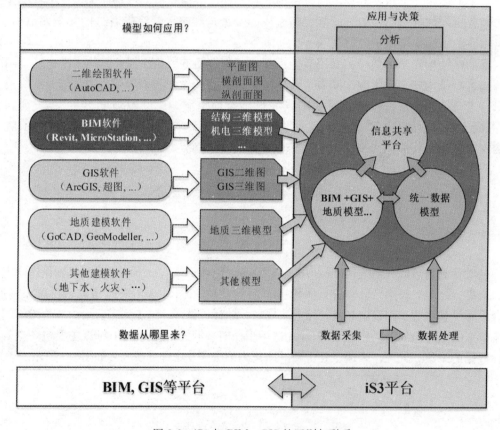

图 8-2　iS3 与 BIM、GIS 的区别与联系

　　在基础设施方面，iS3 借鉴了 GIS 和 BIM 中关于数据存储、数据管理、空间分析等功能，为集成其他建模软件（如 GoCAD、GeoModeller 等地质建模软件）提供开放式接口，从信息流的角度扩展了数据采集、数据处理、统一数据模型和信息共享平台，从而能够在 iS3 上实现数据分析和一体化决策服务。

　　一体化决策服务系统表示针对基础设施的智慧化提供从数据采集、处理、表达、分析、服务与决策的集成解决方案，它不是将现有的方法、技术、软件等做一个简单叠加，而是以基础设施的智慧化为目标，集智能终端研制、深度数据融合、方法和技术集成创新、软件平台开发等各种手段为一体的决策服务系统。决策与服务是和具体的问题相关的，服务对象的不同，服务的内容与所需要决策的内容也就不同。iS3 是一个开源的、开放的平台，任何单位和个人都可以针对自己的需求，在数据采集、处理、表达和分析的基础上，构建自己的专业扩展模块，满足决策与服务的个性化需求。

8.2.2　iS3 特 点 与 功 能

1.iS3 特点

iS3 平台目前比较成熟的版本为桌面端版本，包括基于 iS3 单机版（Standalone）和基于 Rest 服务搭建的 iS3 网络版。

iS3 单机版使用 Access 数据库，适用于工程技术人员、科研人员、学生等普通个人用户，可提供简单快速的工程数据管理解决方案。相比于 1.0 版本，iS3 网络版在多个方面有所提升：（1）对平台框架进行调整，分离了服务端及客户端逻辑，通过统一的数据模型驱动多平台应用；（2）数据层架构采用分布式数据库设计，数据操作接口标准化；（3）基于 WebAPI 搭建服务端框架；（4）对客户端进行调整，基于数据服务实现数据访问接口，优化表现层框架，简化二次开发流程；（5）搭建网页端软件框架，实现数据和二维和三维图形的表现和管理功能。

2.iS3 主要功能

iS3 平台集成了基础设施对象的勘查、监测、设计、施工等数据，能够以数据库、二维图纸、三维模型的形式表达工程信息。同时，iS3 平台内嵌二次开发接口，提供插件式的开发功能，便于进一步开发数据分析与一体化服务功能。iS3 平台的功能主要体现在以下几个方面：

（1）iS3 平台可存储和管理基础设施工程数据。iS3 能够纵向管理工程全寿命数据，覆盖勘察、设计、施工、监测与运营维护等不同阶段，横向实现工程各参与方之间高效的信息传递。此外，该平台可同时管理多个工程，添加、定义和编辑工程信息方便快捷。

（2）iS3 平台可展示数据处理成果。数据处理包括三方面内容：①规划、勘察、设计数据的数字化处理；②数据的再加工处理，如 BIM 建模、地质建模；③采集数据的处理。iS3 平台采用基于 IFC 的数据标准扩展，集成贯穿工程规划、勘察、设计、施工和运维的全寿命周期信息模型，实现基础设施数据共享。

（3）iS3 平台提供多种数据表达形式，并实现不同形式间的交互。数据表达最重要的是建立数字模型，实现空间实体与属性信息的对应。在二维可视化方面，iS3 借鉴 GIS 的数据表达方式，将空间实体对象用图形（几何）数据和属性数据来共同描述，几何数据和属性数据通过唯一的代码连接起来，使得构成空间对象的每一个图元与描述该图元的属性建立对应的关系，如图 8-3 所示。在三维可视化方面，iS3 可集成 BIM 建立的三维模型，实现基础设施在勘察、设计、施工和运营整个寿命周期可视化，如图 8-4 所示。此外，iS3 可将数据视图、二维平面图、剖面图和 3D 模型一体化联动，快速高效地展示工程信息。

（4）基于二次开发和拓展分析工具，iS3 平台可实现进一步的数据分析和一体化决策

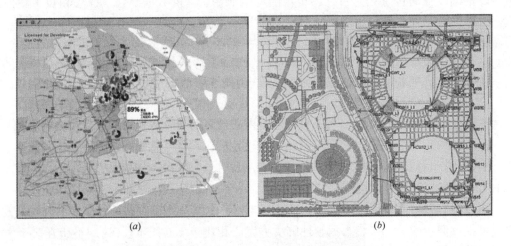

图 8-3　基于 GIS 的二维可视化

(*a*) 民防工程使用情况统计图；(*b*) 基坑桩顶水平位移图

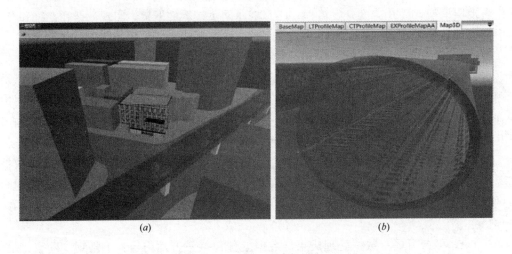

图 8-4　基础设施 BIM 三维模型

(*a*) 城市民防建筑 BIM 模型；(*b*) 轨道交通地铁隧道 BIM 模型

服务。iS3 核心代码开源，内嵌 Python 语言开发工具，提供 C＋＋二次开发接口和范例，并采用程序运行时动态注册，方便数据分析与服务等二次开发。根据分析目标的不同，采用相应的分析手段，例如：数学分析、空间分析、数字-数值一体化分析、大数据分析、云计算等。采用数据自身分析，iS3 平台可实现隧道结构病害的统计分析和隧道服役性能与结构病害及其影响因素的多指标多因素模型分析等。采用空间分析，iS3 平台可实现对基坑开挖周边地表沉降缓冲区分析，用于初步判断对周围建筑物影响，如图 8-5 (*a*) 所示。采用数字-数值一体化分析，iS3 平台可对盾构隧道典型断面利用荷载结构法进行数值模拟，用于设计阶段结构内力计算或者施工过程中参数反演，如图 8-5 (*b*) 所示。

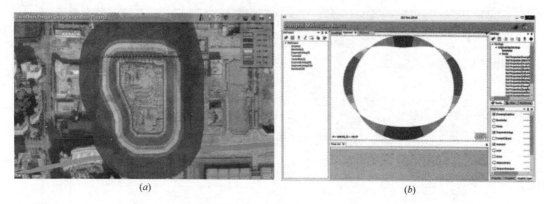

图 8-5 基础设施数据分析实例

(*a*) 基坑开挖影响范围缓冲区分析；(*b*) 盾构隧道数字-数值分析

8.2.3 iS3 使用和操作

本节以 iS3 单机版的测试案例为基础，介绍如何使用 iS3 平台基础功能。此案例的数据已导入软件，无需进行数据准备和导入步骤。

1. 系统登录及基本界面

安装 iS3 平台，双击执行文件 iS3. Desktop. exe，便可运行 iS3 单机版并打开登录界面，如图 8-6 所示。

图 8-6 iS3 平台登录界面

2. 查看工程项目

以 iS3 测试 Demo 为例，该项目的具体工程信息界面如图 8-7 所示。

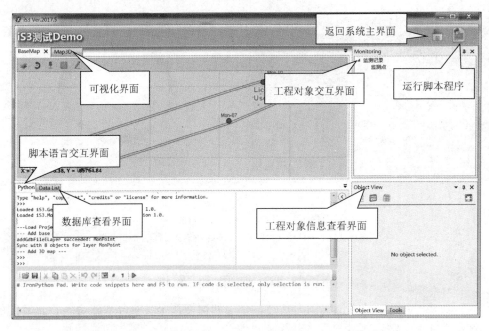

图 8-7   工程信息界面

此界面即为 iS3 测试案例的具体工程信息界面，根据操作可分为四块区域。左上部分为可视化交互界面；左下部分为脚本语言交互界面与数据库查看界面；右上部分为工程对象数交互界面；右下部分为工程对象信息查看界面。另外，右上角为快捷键，分别为返回系统主界面按钮和运行脚本程序按钮。

3. 可视化交互界面

此模块可实现数据视图、二维平面图与剖面图、三维模型视图一体化联动，快速高效展示工程信息。

（1）二维可视化界面

单击【BaseMap】即可查看二维可视化界面，滚动鼠标可放大/缩小地图，鼠标拖动可移动地图，如图 8-8 所示。

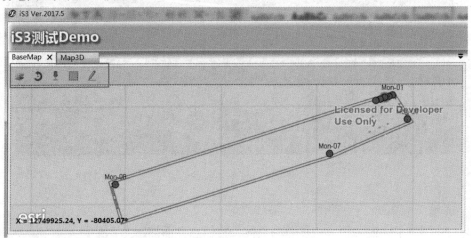

图 8-8   iS3 二维可视化界面

通过点击显示区上部按钮可对此界面进行基础操作:

单击 ✈ 按钮,可通过点选不同图层,更改显示的图层;

单击 ⊃ 按钮,可通过鼠标拖动指针旋转地图;

随机选取一个监测点,单击 ⬇ 按钮,可将所要查看的监测点或范围居于地图中心;

单击 ▦ 按钮,可根据需求大范围选择所需查看信息;

单击 ✎ 按钮,弹出图片编辑框,可根据需求,布置点线面等操作,单击最后一个按钮,即可关闭此界面。

(2) 三维可视化界面

单击【Map3D】即可切换至三维可视化界面,如图 8-9 所示,滚动鼠标可放大或缩小地图,鼠标右键拖动可旋转地图。鼠标左键点击【Map3D】并拖动,可将二维、三维可视化界面同时显示。以左右排列为例,如图 8-10 所示。选取任意监测点,在二维和三维视图中实现数据交互显示。

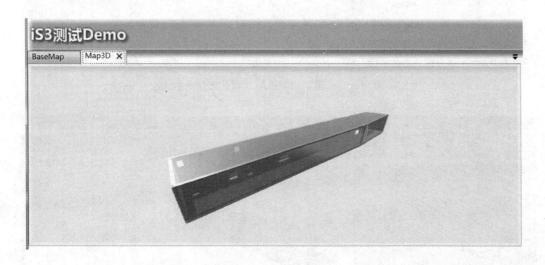

图 8-9　切换三维视图

4. 脚本语言交互与数据库查看界面

(1) 脚本语言交互界面

切换至【Python】可根据需求对软件进行二次开发,实现配置 iS3 内置工具、查看参数、分析工程信息等功能,如图 8-11 所示。

(2) 数据库查看界面

切换至【Data List】便可对数据库进行查看,点击右上方【监测点】,数据列表中便会弹出此项目工程信息中所有监测点的信息,如图 8-12 所示。单击【ID】所在行的任意名称,可根据其需求排序。

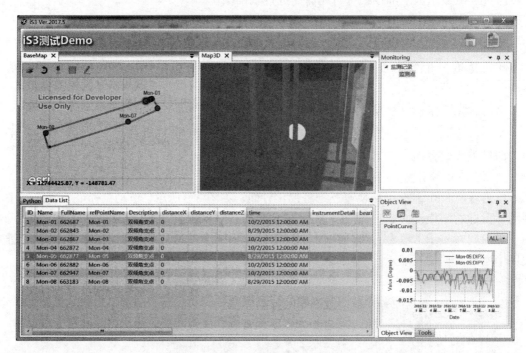

图 8-10　二维、三维视图并列且交互显示

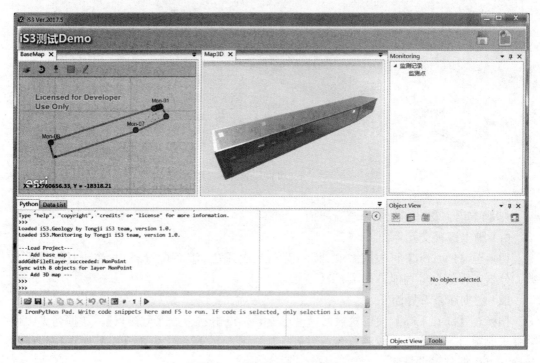

图 8-11　脚本语言交互界面

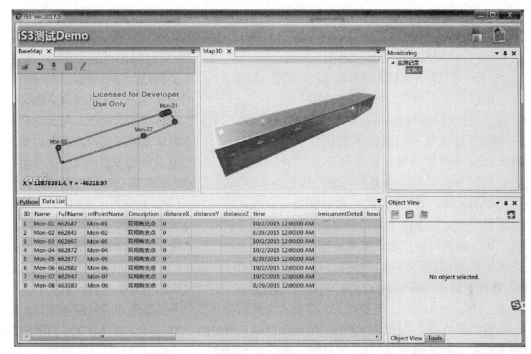

图 8-12 数据库查看界面

5. 工程对象信息查看界面

【Object View】可对工程信息分别进行曲线图、表格、文本形式查看,如图 8-13 所示。单击右边按钮可将曲线图全屏展示,对于数据查看分析更加清晰。切换至【Tools】,可查看拓展分析工具,基于 iS3 框架自主开的工具可在此界面显示。

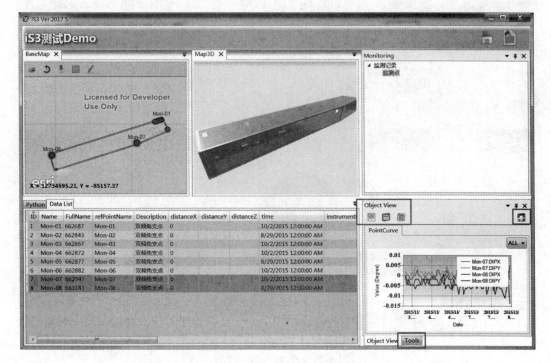

图 8-13 工程对象信息查看界面

8.2.4　iS3 的 开 发

1. iS3 总体架构

iS3 系统可分为五个层次：基础层、数据层、服务层、应用层和用户层，如图 8-14 所示。

基础层是整个系统的硬件设备集合，包括运行 iS3 的服务器、执行云分析的高性能计算集群、数据采集所用的物联网传感器等设备，以及联系这些设备的网络、基站，为其他层提供硬件层次的保障。iS3 系统重点关注数字化采集手段，如智能手机、物联网、数字照相、激光扫描、穿戴式设备等，旨在采集的数据能够自动或者很方便地进入 iS3，以此提高信息化水平和工作效率。

数据层是为服务层提供其所需的访问、计算和存储等资源。数据资源是多样化的，最基础的是数据库数据，由工程数据经"数字化"处理后存储在数据库中，工程的图形数据有二维

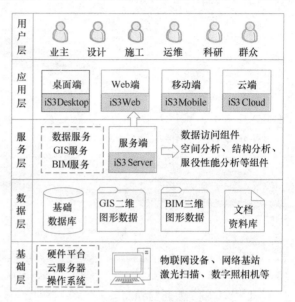

图 8-14　基础设施智慧服务系统（iS3）组成

模型和三维模型两种，主要以 CAD、GIS、BIM 和 Unity 等软件格式存储，iS3 系统建立了统一数据模型，如图 8-15 所示，实现了对 BIM 模型和 GIS 图形的对接。除此之外，iS3 系统可以同时管理多个工程的数据，通过 XML 文件定义工程数据的文件，可以方便地定义和添加新的工程。

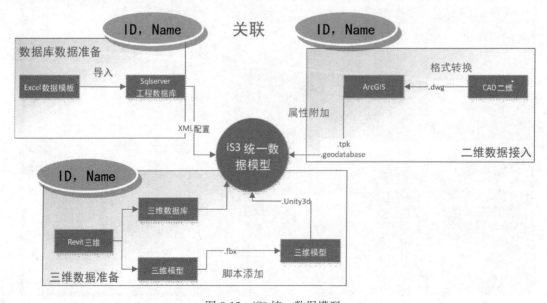

图 8-15　iS3 统一数据模型

服务层是为应用层提供数据访问接口、分析服务接口的逻辑层，由 iS3 服务端（iS3 Server）提供。服务层一方面简化、统一了数据访问的方式和底层硬件设备的调用方式，另一方面则保证了数据的安全性，不被随意访问、改动和删除。

应用层即为面向用户的客户端程序，提供用户与系统的友好访问。iS3 中包含桌面端（iS3 Desktop）、Web 端（iS3 Web）、移动端（iS3 Mobile）和云端（iS3 Cloud）等四种应用，满足用户使用的不同需求，可为用户提供实时数据查询、可视化浏览、数据分析、结构分析等功能。

用户层是使用基础设施智慧服务系统的群体：业主、设计、施工、运维、科研人员等。

2. iS3 系统组件

iS3 平台以 Microsoft Visual Studio 为集成开发环境，以 Microsoft SQL Server 为数据库支撑，以 ESRI 公司的 ArcGIS Runtime SDK 作为地图相关开发工具，在此基础上利用 C♯、XAML 语言进行编程开发。iS3 平台基于 iS3Core 核心，实现了系统跨平台拓展，内嵌 Python，提供二次开发接口和插件式的开发功能，其框架体系如图 8-16 所示。

图 8-16　iS3 平台框架体系

（1）主程序

iS3 平台主程序针对不同的操作系统，分别有 iS3 Desktop 端、Web 端、Mobile 端以及 Cloud 端，目前比较成熟的为 iS3 Desktop 端，包括基于单机版架构的 iS3-Standalone（V1.0）和基于 Rest 服务搭建的 iS3-Desktop（V2.0）。

（2）核心库

iS3. Core 作为 iS3 平台的内核，定义了 iS3 的各类数据接口，是 iS3 跨平台的保证。

（3）数据文件

基于 iS3 平台工程配置式的特点，用户只要按照 iS3 平台的要求准备相应的数据文件，即可利用 iS3 平台对工程进行管理，包括 TPK、Geodatabase 文件、Unity3d 文件，以及从 Revit 分别导出模型和数据文件等。

（4）拓展模块

iS3 数据拓展模块，可以基于 iS3 框架自主定义相应领域的数据结构。

（5）工具库

iS3 拓展工具库，可以基于 iS3 框架自主开发相应的工具。

（6）Python 扩展插件和脚本库

iS3 基于 Python 的编辑器，可以利用 Python 进行数据查询和数据分析。

8.2.5   iS3 应用实例

以上海轨道交通为例介绍应用实例。某区间于 2013 年 12 月正式运营。隧道衬砌采用预制钢筋混凝土管片，内径为 5.5m，外径为 6.2m，环宽 1.2m，上下行线均为 1208 环，通缝拼装。上行线里程 SK22＋950.2m～SK23＋58.2m 周边有一基坑于 2016 年 6 月底开挖，工程的平面图、剖面图和三维视图如图 8-17 所示。

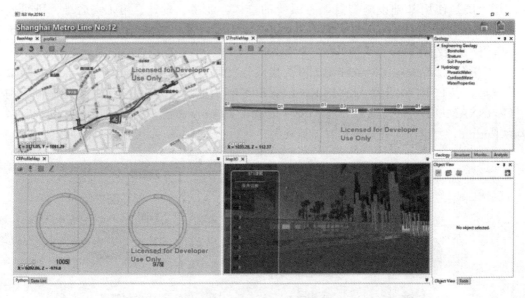

图 8-17   工程平面图、纵向剖面图、横向剖面图和三维视图

基坑施工过程中在隧道内布置 28 个断面，安装了 112 个无线倾角传感器、10 个管片接缝张开测点和 8 个渗漏水传感器，如图 8-18 所示。监测里程为 SK22＋644.2m～SK23＋328.2m，对应环号 495～1065 环，总长度为 684.0m。

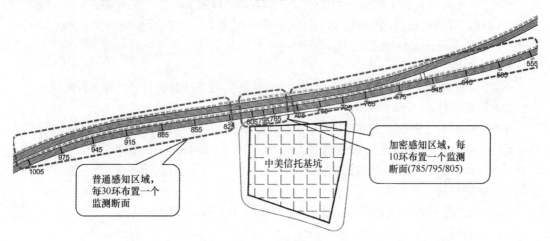

图 8-18   无线传感器布置示意图

基坑开挖过程中，该区间隧道相对沉降在 0～9mm 范围，隧道收敛在 10‰D 范围内。结合人工病害巡查，该区间共有 19 处渗漏水，23 处裂缝，以及 12 处剥落。

根据获取的数据对地铁盾构隧道的服役性能进行评估，将隧道结构的服役性能分为 5 个等级，1 分代表很好，2 分代表好，3 分代表一般，4 分代表差，5 分代表很差，由历史数据回归分析得出服役性能计算公式如下：

$$TSI = 0.77 + 0.16\sqrt{s_{\text{ave}}} + 0.01s_{\text{diff\_ave}} + 0.09c_{\text{ave}} + 0.08d_l + 0.05d_c + 0.50d_s \quad (8\text{-}1)$$

式中　TSI——盾构隧道服役性能；

　　s_{ave}——隧道相对沉降平均值（mm）；

　　$s_{\text{diff\_ave}}$——差异沉降平均值（mm/100m）；

　　c_{ave}——收敛平均值（‰D）；

　　d_l——每百环渗漏水面积（m²）；

　　d_c——每百环裂缝长度（m）；

　　d_s——每百环剥落面积（m²）。

计算该区间服役性能如图 8-19 所示。计算的平均服役性能值为 2.0，由表 8-1 的服役性能分级标准可知该区间处于状态"好"，对运营安全目前尚无影响，无需采取维护养护措施。

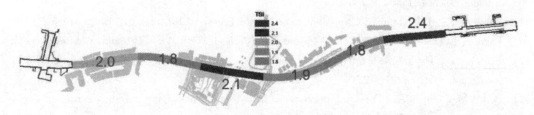

图 8-19　地铁区间服役性能分析结果

隧道结构服役性能分级标准　　　　　　　　　　　　　　　　　　表 8-1

健康度级别	状态	评定因素		
		病害程度	病害发展趋势	病害对运营安全影响
1	很好	无或者非常轻微	无	无影响
2	好	轻微	趋于稳定	目前尚无影响
3	一般	中等	较慢	将来影响运营安全
4	差	较严重	较快	已经影响运营安全
5	很差	严重	迅速	严重影响运营安全

习　题

1. 简述土木工程信息服务的概念和内容。

2. 以工程结构安全评估为例，简述如何利用土木工程信息技术开展服务工作。

3. 简述 BIM、GIS 和 iS3 软件的区别和联系。

参 考 文 献

［1］ 中国建筑业协会 . 2017 年建筑业发展统计分析［J］. 工程管理学报，2018(3)32：1-6.

［2］ Hartley，R. V. L.，Transmission of Information，Bell System Technical Journal，1928，7：335-363.

［3］ Tribus，M. and McIrvine，E. C. Energy and Information，Scientific American，1971，225（3）：179-188.

［4］ Burgin，M.，Theory of Information：Fundamentality，Diversity and Unification，World Scientific：Singapore，2010.

［5］ Shannon，C. E.，The Mathematical Theory of Communication，Bell System Technical Journal，1948，27：379-423，623-656.

［6］ Kåhre，J.，The Mathematical Theory of Information，Springer，2002.

［7］ Wiener，N. Cybernetics，or Control and Communication in the Animal and the Machine，2nd revised and enlarged edition，New York and London：MIT Press and Wiley，1961.

［8］ Brooks，B. C.，The foundations of information science，part. 1，Philosophical aspects，Journal of Information Science，1980，2：125-133.

［9］ O'Brien，J. A. The Nature of Computers，The Dryden Press，Philadelphia/San Diego，1995.

［10］ Laudon，K. C.，Information Technology and Society，Wadsworth P. C.，Belmont，California，1996.

［11］ Fricke，M.，The knowledge pyramid：a critique of the DIKW hierarchy，Journal of Information Science，2009，35(2)：131-142.

［12］ Boisot M.，Canals A.，Data，information and knowledge：have we got it right? Journal of Evolutionary Economics，2004，14：43-67.

［13］ FGDC standards projects：FGDC Digital Cartographic Standard for Geologic Map Symbolization ［OL］. https：//www. fgdc. gov/standards/projects/FGDC-standards-projects/geo-symbol/FGDC-GeolSymFinalDraftNoPlates. pdf：1997.

［14］ FGDC standards projects：Geologic Data Model ［OL］：https：//www. fgdc. gov/standards/projects/FGDC-standards-projects/geologic-data-model：2001.

［15］ 中华人民共和国国家标准：地质矿产术语分类代码(GB/T 9649. 32—2009)［S］：2009.

［16］ 中国地质调查局：数字地质图空间数据库(DD2006-06)［S］：2006.

［17］ 中国地质调查局：地质调查元数据内容与结构标准［S］：2001.

［18］ Open Geospatial Consortium. OGC City Geography Markup Language（CityGML）Encoding Standard［S］. 2012.

［19］ 中华人民共和国国家标准：岩土工程勘察规范(2009 年版)GB 50021—2001 ［S］. 北京：中国建筑工业出版社，2009.

［20］ 中华人民共和国行业标准：公路工程地质勘察规范 JTG C20—2011 ［S］. 北京：人民交通出版社，2011.

［21］ 中华人民共和国国家标准：水利水电工程地质勘察规范 GB 50487—2008 ［S］. 北京：中国计划出版社，2008.

［22］ 中华人民共和国行业标准：铁路工程地质勘察规范 TB 10012—2019 ［S］. 北京：中国铁道出版社，2019.

［23］　魏合龙，孙记红，苏国辉等．数字海洋地质工程建设进展［J］．海洋地质前沿，2018，34（3）：1-7.

［24］　成涛．岩石隧道工程地质信息模型研究与应用［D］．同济大学硕士论文，2019.6。

［25］　娄喆．基于 BIM 技术的建筑成本预算软件系统模型研究［D］．北京：清华大学，2009.

［26］　李建成，王广斌．BIM 应用·导论［M］．上海：同济大学出版社，2015.

［27］　Bentley. 面向基础设施专业人员的软件［OL］.［2018-10-19］. https：//www. bentley. com/zh/products.

［28］　Dassault Systèmes. CATIA 3DEXPERIENCE［OL］.［2018-10-19］. https：//www. 3ds. com/products-services/catia.

［29］　Trelligence，Inc. Trelligence Affinity - Software for Architectural Programming and Schematic Design［OL］.［2018-10-19］. http：//www. trelligence. com/index. php.

［30］　ALLPLAN. Allplan-BIM-CAD-BCM-FM Software［OL］.［2018-10-19］. https：//www. allplan. com/en/.

［31］　Computers and Structures，Inc. SAP2000 20. 2. 0 Enhancements［OL］.［2018-10-19］. https：//www. csiamerica. com/products/sap2000/releases.

［32］　Trimble Solutions Corporation. Tekla - Model-based software at the core of Trimble's structural engineering and construction offering［OL］.［2018-10-19］. https：//www. tekla. com/ch.

［33］　Data Design System GmbH. Data Design System - Open BIM Solutions Provider for MEP Engineers［OL］.［2018-10-19］. http：//www. dds-cad. net/.

［34］　Beck Technology，Ltd. DESTINI Profiler Construction Software［OL］.［2018-10-20］. http：//www. beck-technology. com/products/destini-profiler/.

［35］　Computers and Structures，Inc. ETABS 17. 0. 1 Enhancements［OL］.［2018-10-20］. https：//www. csiamerica. com/categories/etabs. http：//www. cisec. cn/ETABS/ETABS. aspx.

［36］　Innovaya，LLC. Innovaya Products - Overview［OL］［2018-10-20］. http：//www. innovaya. com/prod_ov. htm.

［37］　Onuma-bim. Onuma system - Building Informed Environments.［OL］［2018-10-20］. http：//www. onuma-bim. com/.

［38］　SDS/2. SDS/2 SOFTWARE SOLUTIONS.［OL］［2018-10-20］. https：//sds2. com/solutions.

［39］　Autodesk. CHINA CONSTRUCTION EIGHTH ENGINEERING DIVISION - Skyscraper builders rise to a supertall challenge in Tianjin［OL］.［2018-10-21］. https：//www. aut odesk. com/customer-stories/cceed-tianjin-ctf-tower.

［40］　Autodesk. BUREAU OF RECLAMATION - Reality capture and 3D mod els help pro tect critical infrastructure［OL］.［2018-10-21］. https：//www. autodesk. com/customer-stories/bureau-of-reclamation.

［41］　Donald B，Rubin. Multiple Imputation For Nonresponse In Surveys［M］. New York Jo hn Willey & Sons Inc. 1987：75-112.

［42］　Hochreiter S，Schmidhuber J，Long short_term memory［J］. Neural Computation，1997，9（8）：1735-1780.

［43］　Merity S，Keskar N S，Socher R. Regularizing and Optimizing LSTM Language Models［J］. arXiv preprint，2017，arXiv：1708. 02182.

［44］　Mazza，R. Introduction to Information Visualization［M］. London：Springer-Verlag London Limited，2009.

［45］　祝洪凯，李妹芳．数据可视化之美［M］．北京：机械工业出版社，2011.

［46］　土木信息服务．http：//www. kepuchina. cn/wiki/ct/.

［47］ 朱合华，李晓军．数字地下空间与工程［J］. 岩石力学与工程学报，2007，vol. 190，p：2277-2288.

［48］ 王雪青，杨秋波．工程项目管理［M］. 北京：高等教育出版社．2011.

［49］ 赖见国．土木工程建设中信息管理系统应用［J］. 四川建材，2011，37(2)：230-232.

［50］ 韩国波．建设工程项目管理［M］. 重庆：重庆大学出版社．2011.

［51］ 张芳，朱合华，吴江斌．城市地下空间信息化研究综述［J］. 地下空间与工程学报，2006，2(2)，p：306-310.

［52］ 骆汉宾．工程项目管理信息化［M］. 北京：中国建筑工业出版社，2011.

致　　谢

　　书稿终告完成，由于时间仓促，所以内容不尽完善，希望广大读者朋友、老师和同学们能够提出宝贵的意见，方便书稿再版时修正和改进。在编书的过程中，编者们得到了来自各方的大力帮助和支持，在此表达深深的谢意！

　　感谢上海慧之建建设顾问有限公司、同济大学建筑设计研究院（集团）有限公司、北京诺亦腾科技有限公司、北斗卫星应用科技（上海）有限公司、上海长江隧桥有限公司、上海巨一科技有限公司、上海同岩土木工程科技股份有限公司、上海同隧信息科技有限公司、上海市隧道工程轨道交通设计研究院、上海市建筑信息模型技术应用推广联席会议办公室等工程界好友鼎力相助，提供工程案例资料；感谢南昌航空大学的王婷教授，是你们提供的资料极大地丰富了本书的内容，让学生们拓展了视野；同时感谢同济大学苏静等多位老师给予的大力支持，为编者提供了良好的编书环境；最后感谢同济大学的研究生程方圆、田吟雪、石来、张冰涵、杨策丞、张晋、李洋、苏航、焦赞等帮忙整理书稿有关内容。

　　谢谢你们！

编者
2020 年 2 月